全球气象发展报告

2024

中国气象局气象发展与规划院　编著

气象出版社
China Meteorological Press

图书在版编目（CIP）数据

全球气象发展报告. 2024 / 中国气象局气象发展与规划院编著. -- 北京 : 气象出版社, 2024. 11.
ISBN 978-7-5029-8330-7

Ⅰ. P4

中国国家版本馆 CIP 数据核字第 2024MW4479 号

全球气象发展报告2024

Quanqiu Qixiang Fazhan Baogao 2024

出版发行：气象出版社
地　　址：北京市海淀区中关村南大街46号　　邮政编码：100081
电　　话：010-68407112（总编室）　010-68408042（发行部）
网　　址：http://www.qxcbs.com　　E-mail：qxcbs@cma.gov.cn
责任编辑：宿晓凤　　终　　审：张　斌
责任校对：张硕杰　　责任技编：赵相宁
封面设计：艺点设计
印　　刷：北京地大彩印有限公司
开　　本：710 mm×1000 mm 1/16　　印　　张：16.5
字　　数：239千字
版　　次：2024年11月第1版　　印　　次：2024年11月第1次印刷
定　　价：150.00元

《全球气象发展报告2024》编委会

前　言

首部《全球气象发展报告》于2024年3月23日“世界气象日”正式发布，得到了世界气象组织（WMO）和我国多家媒体的广泛关注与报道。作为“领略·气象智库丛书”的重要组成部分，《全球气象发展报告》坚持前沿性、客观性、精准性、特色性原则，旨在从宏观视角和行业维度跟踪重大进展、洞察发展前沿、解析行业热点、支撑科学决策，努力成为读者了解和掌握全球气象发展整体图景和年度进展的“工具书”和“参考书”。

《全球气象发展报告2024》（以下简称《报告》）坚持以习近平总书记关于气象工作重要指示精神为根本遵循，以贯彻落实《气象高质量发展纲要（2022—2035年）》和《气象国际合作高质量发展行动计划（2023—2025年）》部署要求为重要目标，以记录2023年度全球气象发展轨迹、分析发展重点热点为主要内容。《报告》由四篇十二章构成：综述篇主要呈现全球气象观测、预报、服务、科技创新和管理等领域年度主要进展、发展特点及国际对比情况；国际篇主要呈现国际气象重大科技计划和项目主要进展、WMO战略规划实施评估和最新规划内容，以及全民早期预警倡议实施的最新进展；中国篇主要呈现中国气象重点领域年度进展及对全球气象发展的主要贡献；专题篇聚焦全球气象发展年度重点、热点问题，系统呈现“一带一路”气象保障以及人工智能气象应用、航空气象业务、无人机气象探测等热点领域主要进展。此外，附录部分梳理了2023年气象相关重要国际会议列表，以及部分国际组织和国家气象相关战略规划列表等。

需要说明的是，由于各国财年划分及资料更新情况的不同，《报告》中关于各个国家和地区以及国际组织的重要进展的时间节点有所差别。

《报告》编研过程中，中国气象局办公室、应急减灾与公共服务司、预报与网络司、综合观测司、科技与气候变化司、计划财务司、人事司、政策法规司、国际合作司、机关党委（巡视办）和相关直属单位给予了大力支持，众多行业专家对内容进行了悉心指导和审核把关，气象出版社在编辑出版方面给予了指导和帮助，在此一并表示感谢！

《报告》引用了大量相关国际组织和国家气象机构官网、年报等权威公开信息，并进行了甄别、比选，部分已在参考文献或正文中标注，但由于涉及资料较多，未予全列。另外，需要说明的是，《报告》中的评论和观点仅限于编研人员的认识，不代表任何政府部门和机构的观点。作为阶段性研究成果，由于资料搜集及编研人员的学识、经验所限，难免存在疏漏与不妥，诚恳地希望广大读者提出宝贵意见与建议。

作者

2024 年 10 月

摘　要

2023 年，人工智能（AI）、数字孪生等新技术蓬勃发展，对全球气象科技创新与业务发展带来了重要且深远的影响；全球气象相关国际组织和各个国家气象部门继续推进国际计划实施和本国气象基础设施与核心能力建设，全球气象观测、预报、服务、科技、治理等领域均取得不同程度的进展。《全球气象发展报告 2024》（以下简称《报告》）立足于宏观视角和行业发展维度，分设综述篇、国际篇、中国篇、专题篇四个部分，客观呈现了 2023 年全球气象发展的整体图景。

综述篇主要呈现全球气象观测、预报、服务、科技创新和管理等领域年度主要进展、发展特点及国际对比情况。**在气象观测方面**，全球气象观测保持平稳发展。国际组织和多个国家持续关注和支持商业气象观测，尤其是小卫星观测能力大幅度提升。无人机气象探测活动取得新进展，WMO 开始组织无人机系统示范活动（UAS-DC）。《报告》围绕地面观测、高空观测、天气雷达、气象卫星、海洋观测等对 2023 年气象观测发展进行了国际比较。**在气象预报方面**，全球气象预报核心业务技术取得新的进展，呈现出人工智能大模型和传统数值预报模式相互促进、融合发展的态势。欧洲中期天气预报中心综合预报系统（IFS）从 47r3 版升级为 48r1 版，中尺度集合预报系统（ENS）水平分辨率从 18 千米提高到 9 千米。美国新一代飓风分析和预报系统（HAFS）正式业务运行，路径预报准确率提高 10% ～ 15%。《报告》围绕天气预报、气候预测、高性能计算等对 2023

年气象预报发展进行了国际比较。**在气象服务方面**，全球极端天气气候事件频发重发进一步凸显了气象服务的重要性与紧迫性，联合国全民早期预警相关行动计划持续推进，各国气象部门也更加关注面向决策的气象服务。《报告》围绕气象灾害预警、气象服务满意度、气象服务产业、气象服务经济效益等进行了国际比较。**在气象科技发展方面**，大气科学研究热度持续增加，地球科学领域的研究和气象科技创新呈现新的发展特点；人工智能、数字孪生逐渐成为推动气象发展的关键技术，在气象领域的应用更加深入。《报告》围绕地球系统模式、气象科技论文与影响力、科技研发投入、科技规划等对 2023 年气象科技发展进行了国际比较。此外，全球主要国际组织和部分国家在气象治理方面也取得了积极进展，《报告》介绍了 WMO 等国际组织气象治理行动以及美国、英国、加拿大、澳大利亚和日本等国气象发展的基础保障情况。

国际篇主要呈现国际气象重大科技计划和项目的主要进展，WMO 战略规划实施评估和最新规划内容，以及全民早期预警倡议实施的最新进展。2023 年，WMO 在第 19 次世界气象大会上提交了 2020—2023 年战略计划实施情况评估报告，并审议通过 2024—2027 年战略计划，明确了五个长期目标及具体目标。WMO 多项科技计划项目以及欧洲“目的地地球”倡议、哥白尼计划等全球重大气象科技计划与项目均取得不同程度的进展。其中，WMO 作为全民早期预警倡议牵头机构之一，已将该倡议列为旗舰项目和首要优先事项全面推进，并取得积极进展。

中国篇主要呈现中国气象重点领域年度进展及对全球气象发展的主要贡献。2023 年，中国各级气象部门加快推进气象科技能力现代化和社会服务现代化，在推动实现“监测精密、预报精准、服务精细”的过程中，气象防灾减灾第一道防线作用更加凸显，气象服务保障经济社会发展的成效更加显著。中国全方位参与全球气象治理和应对气候变化国际合作，创新提出全民早期预警中国方案；持续升级风云气象卫星服务，着力提升面向全球的气象业务能力；大力推动中国—阿拉伯气象合作和中国—南太平洋岛国气象合作取得新的突破。同时，中国承担的以世界气象中心（北京）为代表的30个国际气象中心，牵头构建了包括气象综合应用开放平台、风云气象卫星应用、数值预报国际创新平台等在内的多个开放平台，对全球气象科技创新和核心业务发展产生了重大影响。

专题篇聚焦全球气象发展年度重点热点问题，系统呈现了“一带一路”气象保障以及人工智能气象应用、航空气象业务、无人机气象探测等热点领域主要进展。2023年是“一带一路”倡议提出10周年，中国气象局多措并举推动“一带一路”国际气象合作取得显著成效，中国—东盟、中国—中亚气象合作取得重要进展。“人工智能＋气象”成为热门话题，各国均采用鼓励和促进发展的政策基调，研发多个全球中期天气预报大模型，极大地推动了气象预报的发展。随着气象观测从大气圈向地球系统多圈层进一步拓展，美国、欧洲等国家和地区的气象部门更加重视通过优化观测装备研发、站网布局、装备运维以及数据应用等重要环节的运行机制，统筹推动气象观测系统科学发展。中国、美国、英国、德国、日本等国家在航空气象业务发展方面也取得了重要进展。无人机已应用于气象观测领域，专注于开发无人机系统及其天气感知能力的研究项目数量持续增加，小型无人机的商业应用急剧增长。

Executive Summary

New technologies such as artificial intelligence (AI) and Digital Twin was flourish in 2023, which meant a lot to meteorology for its science, technology, innovation and operation worldwide. International meteorological organizations and national meteorological services (NMSs) continued with the implementation of their international plans and the building of their national meteorological infrastructure and core capacity, with progress made in the fields of global meteorological observation, forecasting and prediction, service delivery, science and technology, and governance. From a macroscopic perspective and the dimension of an evolving sector, the Report on Global Meteorological Development (RGMD) 2024 (hereinafter referred to as the Report) is divided into four segments: General Overview, International Dimension, National Dimension of China and Selected Specials, giving a general, realistic picture of meteorological development in the world in 2023.

The segment of the **General Overview** presents the progress, developments and international comparisons in the fields of global meteorological observation, forecasting, service delivery, science and technology, innovation, and governance in the year. **Meteorological observation** maintained steady development at global level. International organizations and many countries continued to pay attention and render support to the commercial meteorological observation, especially the much improved small satellite one. New progress was made in UAV- based meteorological observation, with the World Meteorological Organization (WMO) launching the Unmanned Aircraft System Demonstration Campaign (UAS-DC). The Report makes an international comparison of the developments in meteorological observation in 2023, focusing on ground, upper-air, weather radar, meteorological satellite and ocean. **Meteorological forecasting** registered new progress in the core technology at the global level, with AI based large models and traditional numerical prediction models mutually reinforcing and converging. The Integrated Forecasting System (IFS) of the European Centre for Medium-Range Weather Forecasts (ECMWF) was upgraded from version 47r3 to version 48r1, and the horizontal resolution of its mesoscale ensemble prediction system (ENS) increased from 18 to 9 km. NOAA's new generation Hurricane Analysis and Forecast System (HAFS) was officially put into operation, resulting in an improved track forecast by 10%-15%. Moreover, the Report makes an international comparison of the developments in meteorological forecasting in 2023, focusing on weather forecasting, climate prediction and high-performance computing. In terms of **meteorological service delivery**, the frequently recurring extreme weather and climate events around the world further highlighted the importance and urgency of such delivery, with the action plan on the United Nations' Early Warnings for All initiative continuously executed, and NMSs paying more attention to decision services. The Report further makes an international comparison with regard to meteorological disaster warning, meteorological service satisfaction, meteorological service industry, and economic benefits of meteorological services delivered. In terms of **meteorological science and technology**, the atmospheric research continued to be intensified, with the research in earth science and the innovation in meteorological science and technology featuring new developments. AI and DT, which were deemed key technologies to drive meteorology, found their more intensive application in meteorology. The Report makes an international comparison of the developments of meteorological science and technology in 2023, focusing on the earth system model, meteorological research papers and their influence, R&D investment, and science and technology planning. In addition, major international organizations such as WMO and selected countries such as United States, United Kingdom, Canada, Australia and Japan also made encouraging progress in meteorological governance, as demonstrated by their actions in the domain.

The segment of the **International Dimension** presents the progress of major international programs and projects on meteorological science and technology, the evaluation of the implementation of the WMO strategic plan and its latest update, and the latest progress of the implementation of the EW4ALL initiative. In 2023, WMO presented an assessment report on the implementation of the Strategic Plan 2020-2023 at the 19th World Meteorological Congress (Cg-19), and reviewed and adopted the Strategic Plan 2024-2027, which identified five long-term goals and targets. A number of WMO science and technology programs, as well as major global programs and projects on meteorological science and technology, such as the Destination Earth initiative and the Copernicus program of the European Union, made more or less progress. Among them, EW4ALL, an initiative that is co-led by WMO, was highlighted as a flagship project and a top priority of the Organization, with encouraging progress made in its full roll-out.

The segment of the **National Dimension of China** presents the progress of China in its key meteorological areas and its contributions to global meteorology in the year. With the acceleration of the modernization of meteorological science and technology capabilities and social services program, and in the process of pursuing the "precise monitoring, accurate forecasting, and particular service", the Chinese NMS at all levels across the country was more prominently recognized for its role in meteorological disaster management as the first line of defense, and more significantly for its effective meteorological support for economic and social development in 2023. China participated in global meteorological governance and international cooperation on climate change in an all-round way, and innovatively proposed China's plan for EW4ALL. We continued to upgrade our FY meteorological satellite services in an effort to improve our global meteorological delivery capabilities, with new breakthroughs made in China-Arab and China-South Pacific Islands meteorological cooperation. At the same time, the 30 international meteorological centers hosted by China, represented by the World Meteorological Center(WMC)—Beijing, took the lead in building a number of open platforms, including those for the comprehensive meteorological application, the FY satellite application and the international innovation in numerical prediction, which are deemed a significant booster of innovation and development in global core meteorological technology and operation.

The segment of the **Selected Specials**, which focuses on the key and hot issues arising from the global meteorological community in the year, systematically presents the progress in hot areas such as the meteorological support for the Belt and Road, the application of AI to meteorology, the operational aeronautical meteorology, and the UAV- based meteorological observation. The year 2023 marked the 10th anniversary of the Belt and Road Initiative (BRI), the international meteorological cooperation under which was fueled by CMA with multiple, remarkable and rewarding measures, as indicated by important progress with the China-ASEAN and China-Central Asia meteorological cooperation. "AI + meteorology", an emerging hot topic, was encouraged and facilitated in political terms at the national level, with a number of global medium-range weather forecast models developed to forge ahead with the meteorological forecasting. With the meteorological observation extending from the atmosphere further to the multi-spheres of the earth system, the NMSs in countries and regions like USA and Europe were paying more attention to the scientific development of meteorological observation systems by optimizing the mechanism on important aspects such as observation equipment research and development, station networking, equipment operation and maintenance, and data application. Countries like China, USA, UK, Germany and Japan also made important progress in the operational aeronautical meteorology. UAVs were well used in the field of meteorological observation thanks to the increasing number of research projects focusing on the development of unmanned aircraft systems and their weather perception capabilities, and the dramatically growing commercial application of small UAVs.

目　录

综述篇

国际篇

中国篇

专 题 篇

Contents

General Overview

International Dimension

National Dimension of China

Selected Specials

综述篇

第一章　全球气象主要进展（上）*

2023年，全球温室气体浓度、地表温度、海洋热量和酸化、海平面上升、南极海冰面积和冰川消融等多项指标创下历史新纪录，气候变化和极端天气重创亚洲；人工智能（AI）、数字孪生等新技术继续蓬勃发展，对全球气象科技创新与气象业务发展带来了重要且深远的影响；全球气象相关国际组织和各个国家气象部门继续推进相关国际计划实施和本国气象基础设施与核心能力建设，全球气象观测、预报、科技、服务、治理等领域均取得不同程度的进展。综述篇分上、下两章，通过对全球气象各重点领域发展现状的系统梳理和发展水平的对比分析，客观呈现2023年度全球气象的主要进展。本章重点介绍2023年全球气象观测和全球气象预报的主要特点、主要进展及国际对比情况。

一、全球气象观测

（一）2023年气象观测的主要特点

当前，气象科学技术发展已迈入地球系统时代，气象观测正在从地球大气圈向水圈、岩石圈、冰冻圈和生物圈等地球系统多圈层进一步拓展。2023年，世界气象组织（WMO）相关观测计划和项目持续推进，全球主要

* 执笔人员：唐伟　樊奕茜　刘冠州

发达国家和地区持续推进观测基础设施的顶层设计，并持续强化商业观测的发展与数据应用。

1. 全球气象观测保持平稳发展

总体来讲，2023 年，全球气象观测保持稳中有升发展态势，其中民用飞机观测量大幅度提升。

从具体情况看，2024 年 3 月，全球民用飞机观测 24 小时观测近 305 万个（300 ～ 150 百帕风场），相比 2023 年同期的 22 万个增长显著。究其原因，新冠肺炎疫情后全球航空的恢复是重要影响因素。全球陆地探空气象观测 24 小时观测为 1189 个（500 百帕高度场），与 2023 年同期（1239 个）基本持平。全球卫星观测与 2023 年同期相比基本保持稳定，其中，对 400 ～ 150 百帕卫星云迹风场 24 小时观测将近 231 万个，2023 年同期为 250 万个；对 1000 ～ 700 百帕卫星云迹风场 24 小时观测超过 390 万个，2023 年同期为 350 万个。

从全球气象观测发展来看，数据显示，截至 2024 年 4 月，WMO 全球综合观测系统（WIGOS）在一区协（非洲）共有 2893 个站点，其中自动气象站（AWS）1189 个，高空气象站 119 个，天气雷达站 30 个；二区协（亚洲）共有 4073 个站点，其中自动气象站 386 个，高空气象站 335 个，天气雷达站 129 个；三区协（南美洲）共有 2115 个站点，其中自动气象站 555 个，高空气象站 67 个，天气雷达站 98 个；四区协（北美洲）共有 3857 个站点，其中自动气象站 447 个，高空气象站 183 个，天气雷达站 274 个；五区协（西南太平洋）共有 1959 个站点，其中自动气象站 122 个，高空气象站 110 个，天气雷达站 124 个；六区协（欧洲）共有 6688 个站点，其中自动气象站 2380 个，高空气象站 187 个，天气雷达站 263 个。

2. 部分国家继续推进观测基础设施换代的顶层设计

2023 年，欧洲完成气象业务卫星换代，并明确提出新的气象科研卫星计划。英国气象局（Met Office）着手设计和开发下一代天气雷达。美国天气雷达的研发和设计持续推进，同时通过实施服务寿命延长计划（SLEP）推动现有天气雷达等基础设施运行至 21 世纪 30 年代。

从欧美观测基础设施的换代思路可以发现，一是提前开展研究和技术示范十分重要，因为基础设施本身研发周期长，示范项目可以提前测试设备性能、预估项目效益；二是研发过程中可适当延长战略准备和使用周期，因为基础设施换代投入巨大，且具有很大的不确定性，充足的准备有利于后续的科研与业务转化；三是换代过程中需要新的思路和吸纳先进技术。

3. 商业气象观测持续发展，尤其是小卫星观测能力大幅度提升

国际组织和多个国家持续关注商业气象观测的发展。2023 年，WMO 专门举办商业卫星供应商信息日活动，使地球观测和数据处理企业有机会将新技术介绍给全球气象界。美国国家海洋大气管理局（NOAA）继续实施商业数据计划，向企业购买数据；将商业气象数据试点中的海面风合同给了 Spire Global 公司，并与其签订了新的无线电掩星数据购买合同。中国航天企业航天宏图成功发射中国首批商业合成孔径雷达（SAR）卫星，并将继续发射以组成通导遥混合型卫星星座。

商业卫星开始采用人工智能（AI）技术提升观测能力。2023 年，美国商业雷达卫星公司 MyRader 宣布获得 NOAA 小型业务创新研究项目拨款，用于研制两颗野火监测立方体卫星，并配备低能耗的机载 AI 技术，24 小时在线收集日常数据信息，并可自动启动整个系统，自动收集高分辨率、多传感器数据。同时，MyRadar 公司发射的高光谱轨道远程成像光谱仪星座也将卫星观测数据与 AI 机器学习相结合，并强化自主开发的天气应用程序。

气象部门的卫星地面系统建设逐渐引入商业力量。NOAA 和欧洲航天局（ESA）都在向采用企业地面系统转变。NOAA 计划将新的商业技术引入卫星地面系统，并向私营企业寻求人工智能机器学习、云计算和数字孪生

等“新的突破性和颠覆性技术”的支持。欧洲航天局没有像过去那样为每个任务建立独立的地面系统，而是创建了一个基于共同任务需求的参考架构，并考虑私营企业的参与。

小卫星观测能力大幅度提升。在观测技术方面，全球导航卫星无线电掩星技术走向成熟和稳定，相关数据显示，全球每天有 1 万多个掩星大气廓线数据可用，极大地丰富了观测数据。另外，小卫星已被多国纳入业务应用计划。NOAA 下一代极地轨道气象业务卫星计划已确定分步发射不同的小卫星组成卫星网，用于收集天气预报、环境观测、气候监测和公共安全数据。欧洲航天局地球探索者项目选出的第 11 号项目的两颗候选科研卫星（探索 5 ～ 115 千米大气层红外扫描的 Cairt 卫星和探索云内风和降水数据的 Wivern 卫星）也无一例外都是小卫星。

4. 无人机气象探测活动取得新进展

WMO 一直重视无人机气象探测。早在 2021 年和 2022 年，其就通过成立多个项目机构为无人机系统制定了一系列预案，并在 2021 年 9—10 月进行了两次调查，来了解 WMO 会员气象水文部门和私营机构参与无人机气象观测的潜在兴趣。2023 年，WMO 先后组织了 7 次无人机系统示范活动参与方会议（UAS Demonstration Campaign Participants Meeting）和 1 次数据格式问答，并在机载观测系统联合专家组的领导下，开始组织无人机系统示范活动（UAS-DC）。目前，WMO 观测、基础设施和信息系统委员会（INFCOM，以下简称“基础设施委员会”）已批准示范活动计划。

NOAA 早在 2020 年就发布了无人机系统战略，并设立专门项目“利用业务无人技术感知灾害”（SHOUT）来研究利用无人机系统开展灾害性天气观测；在每年飓风季都会开展无人机系统观测试验，其 Altius-600 无人机因在热带气旋内进行最长时间的耐力飞行测量风速，被列入 2024 年吉尼斯世界纪录。2023 年飓风季，NOAA 从大气层、海底、海—气相互作用区等多个层面收集飓风动力学关键数据，观测结果均被纳入 NOAA 最先进的预报模型中。2023 年，NOAA 共获得 1435.8 万美元的国会拨款用于支持无人机系统发展。

（二）2023 年气象观测发展国际对比[1]

1. 地面观测

美国自动地面观测系统（ASOS）是为满足 NOAA、联邦航空管理局（FAA）和国防部（DOD）三个部门共同需求而建设的业务地面观测网，现有 953 个自动地面观测站在业务运行（另有志愿观测站超过 1 万个）。但运行近 30 年，站点的风传感器、温度和露点传感器多个部件已出现老化问题。为了延长地面自动观测系统运行寿命、增强其业务能力，美国启动了由 NOAA、FAA 和 DOD 共同承担的服务寿命延长计划（SLEP），并从 2023 年起采购控制单元（ACU）和数据收集包（DCP），截至 2024 年 1 月，已更新 14 个站点的硬件。

英国气象局现有 200 多个自动地面观测站开展风、温、湿、压等气象要素观测，基本覆盖全国，平均站距约 40 千米。英国天气观测网站（WOW）是一个天气观测共享平台，通过收集志愿观测数据来补充地面观测资料。法国气象部门现有 650 个自动地面观测站，均匀分布在法国大陆，包括 150 个天气站和 500 个区域自动地面观测气象站，平均站距约为 30 千米。德国气象局（DWD）现有 180 个地面观测站，其中 165 个为无人自动站；并建有物候观测站 1065 个，志愿观测站 1734 个。

加拿大现有自动地面观测站 575 个，合作气候网络站 225 个，灯塔站

[1] 由于行政制度和历史原因等多种因素，各国气象观测技术体制有较大差异，因此气象观测发展的国际对比具有一定的局限性，仅供参考。

29 个，观测网南部稠密、北部稀疏。澳大利亚现有 724 个自动地面观测站，20 千米内的人口覆盖率达 92%。另外，地面观测站网还包括 500 多个合作观测站和 6300 多个雨量观测站。

日本共有 160 个地面气象观测站，另有 1300 多个观测点使用自动地面观测数据采集系统（AMeDAS）自动观测，平均站距 15 千米。韩国共有 77 个有人值守自动地面观测站，464 个自动气象站，平均站距约 13 千米，建有 20 个亚洲沙尘观测站。

2. 高空观测

美国现有 92 个常规高空观测站，其中美国本土有 69 个，阿拉斯加有 13 个，太平洋地区有 9 个，波多黎各有 1 个。通过探空气球开展高空温度、湿度、气压探测，以 GPS（全球定位系统）定位方式进行风速、风向测量，每天探测 2 次。美国国家天气局共运行 35 部风廓线雷达，主要为对流层风廓线雷达，部署在中小尺度天气灾害频发的中部和南部地区，组成观测网，其他部门的 80 部风廓线雷达组成合作观测网。

英国气象局有 4 个自动探空站和 2 个人工探空站，4 部边界层风廓线雷达，1 部对流层风廓线雷达。法国气象部门现有高空气象观测站 19 个，其中法国本土 5 个、海外领地 10 个、大西洋观测船上 4 个，均采用无线电探空和 GPS 测风技术，仅有 1 部 3 千米的边界层风廓线雷达。德国气象局现有 10 个无线电探空站，每年开展气球探测约 7500 次。加拿大现有 31 个常规气象要素无线电探空站、10 个臭氧无线电探空站。澳大利亚气象局现有 38 个探空气球站，并于 2023 年在现有站点升级安装了 4 套气象气球自动施放装置，以提高数据可用性。日本现有 16 个无线电探空站，33 部风廓线雷达；无线电探空仪覆盖距地面最高 30 千米的高空，风廓线雷达覆盖范围距离地面最高 12 千米，观测数据由日本气象厅（JMA）总部实时收集。韩国有探空站 7 个，已在 2022 年 5 月全部实现自动化。

3. 天气雷达

美国下一代天气雷达网（NEXRAD）由 NOAA、FAA 和 DOD 三方共同建设，共建有 159 部 S 波段雷达。其中，NOAA 的 122 部雷达基本按照区域位置合理分布，以确保所有国土面积处于雷达探测覆盖范围之内；FAA 更关注大型机场及其上游地区的天气变化，其运行 12 部雷达，其中 7 部位于阿拉斯加、4 部位于夏威夷、1 部位于波多黎各；DOD 共运行 25 部雷达，主要覆盖空军基地区域。目前，美国天气雷达以多普勒雷达 WSR-88D 为主。同时，NOAA 也正在探索 2040 年之后的天气雷达方案，包括新的生命服务期延长计划或相控阵雷达（PAR）。其中，相控阵雷达计划设计的服务时段是 2040—2090 年。

英国天气雷达网目前业务运行的雷达共计 18 部（覆盖率达 99%），其中 15 部属于英国气象局。为满足未来对更高分辨率数值预报的需求，英国气象局雷达系统团队正在设计和开发下一代天气雷达，主要任务包括：使用双偏振雷达提高数据的可靠性；新雷达硬件和信号处理技术的开发、评估和实施，并与美国国家强风暴实验室（NSSL）和先进雷达技术团队在信号处理技术方面合作，提高雷达覆盖范围。法国本土现有 28 部天气雷达，海外领土有 7 部。气象雷达中心负责雷达的网络运行、管理和维护、系统软件开发、研究和发展（双极化多普勒），以及数据产品的开发。德国气象局共有 17 部天气雷达（平均站距 150 千米），是从美国购买的双偏振多普勒 C 波段雷达。

根据加拿大天气雷达网现代化长期计划的要求，2023 年，加拿大多普勒天气雷达网完成了更新，现有 33 部雷达已业务运行。整个雷达网多数布设在加拿大中部偏南一线，覆盖境内人口稠密地区国土面积的 98%，占全部国土面积的 28%。澳大利亚现有 67 部天气雷达，2023 年，在新南威尔士州、昆士兰州以及北部地区布设了 8 部双偏振多普勒雷达，作为对现有天气观测系统的补充，这使澳大利亚全境的雷达覆盖范围增加了 55 万平方千米以上。

日本气象厅天气雷达网由 20 部 C 波段多普勒天气雷达组成，用于观测降水强度和高空风场，可覆盖日本大部分地区及周边地区；从 2020 年 3 月开始将多普勒天气雷达更新为双偏振天气雷达，现已升级完成 10 部。韩国气象厅（KMA）现有 10 部气象雷达、1 个雷达技术开发试验场；根据业务协议，与环境部 7 部、国防部 10 部雷达进行实时数据交换和共享使用；与中国、日本、俄罗斯等周边国家交换 43 个地点的雷达数据，用于东亚地区天气的监测预报。

4. 气象卫星

截至 2024 年 3 月，全球极轨（19 颗）和静止（21 颗）核心气象卫星星座达到 40 颗。低轨道（LEO）气象卫星有 87 颗，其中 2020 年到 2024 年 3 月共发射 27 颗。在 WMO 登记的研发和运行气象卫星的机构和公司已有 114 个。

目前，在轨业务运行的气象卫星主要包括美国的 SumiNPP 和 JPSS-1 卫星、欧洲的 MetOp 卫星、中国的风云三号系列等极轨气象卫星；美国的 GOES-E 和 GOES-W 卫星、欧洲的 Meteosat 卫星、中国的风云二号和风云四号卫星、日本的 Himawari 卫星、韩国的 GEO-KOMSAT 卫星和印度的 INSAT 卫星等静止气象卫星。

（1）美国

截至 2023 年 12 月，美国极轨业务气象卫星 NOAA 系列在轨 3 颗。为接续将在 2038 年进入服役末期的联合极轨卫星系统（JPSS），NOAA 开始进行下一代业务卫星计划，计划由多颗小型卫星组成卫星网，提升卫星观测能力。

美国地球静止业务环境卫星（GOES）系列共有 4 颗卫星。第三代

GOES-R 计划是西半球最先进的天气观测和环境监测系统，提供高分辨率、高精度的大气探测，还可捕捉闪电实时活动和空间天气监测。为推进卫星在 2030 年前后实现换代，NOAA 提出了地球静止和扩展轨道卫星（GeoXO）计划，通过发射一系列卫星组成星座。

（2）欧洲

欧洲极轨气象业务卫星（MetOp）系列有 3 颗卫星，分别于 2006 年、2012 年、2018 年发射。该卫星系列由欧洲航天局和欧洲气象卫星开发组织（EUMETSAT）共同建立，并与 NOAA 卫星系统协同工作，提供全球气象数据。另外，欧洲气象卫星开发组织已着手准备下一代卫星计划，预计将发射 6 颗卫星，运行期间从 21 世纪 20 年代后期到 2040 年前后，将为地球系统建模提供重要数据，用于未来 12 小时到 10 天的天气预报。2023 年 11 月，下一代卫星计划开展了 A1 星和 B1 星测试，并将于 2025—2026 年发射至高度约 835 千米的近地极地轨道。

欧洲静止卫星 Meteosat 系列由欧洲航天局和欧洲气象卫星开发组织合作研发运行，其中欧洲航天局负责空间部分的开发，欧洲气象卫星开发组织负责任务需求定义、地面部分的开发和整个系统的运行。欧洲 Meteosat 系列第三代地球静止气象卫星（MTG）计划发射 6 颗，将利用更先进的高光谱成像仪及新增加的闪电成像仪和大气化学探测仪等开展任务。

2023 年，欧洲气象卫星开发组织在气象卫星运营、提高预测准确率、气候变化研究、国际合作等方面取得了一系列进展。7 月，欧洲气象卫星开发组织批准 2023—2027 年气候服务发展计划，为开发过去、现在和下一代卫星的气候数据记录奠定了基础。9 月，欧洲中期天气预报中心（ECMWF）和欧洲气象卫星开发组织的分布式云计算基础设施——“欧洲天气云”投入业务运行。12 月，欧洲气象卫星开发组织向用户发布哥白尼“哨兵”5 号第二等级测试数据第一版。

（3）其他国家

加拿大环境与气候变化部主要接收美国、欧洲以及加拿大本国的静止和极轨气象卫星资料，用于开展天气分析和预报。1995 年和 2007 年，加拿大分别发射雷达卫星 RADARSAT-1 和 RADARSAT-2。2022 年 1 月，加拿大多个部门联合发布了国家卫星地球观测计划。澳大利亚目前没有自己的气象卫星，主要接收美国、日本和中国的气象卫星资料。

日本静止轨道卫星“葵花”（Himawari）自 1978 年起在 140° E 附近运行，覆盖东亚和西太平洋地区。2014—2016 年，“葵花”系列第三代静止卫星发射运行，改进了成像仪。2023 年，日本气象厅积极参与 WMO 世界天气监视网（WWW）计划，利用海洋气象观测船以及“葵花”系列气象卫星等进行观测。同时，日本气象厅筹划的下一颗地球静止气象卫星“葵花 10 号”将配备最新技术，预计于 2029 年开启运行。韩国现有两颗静止气象卫星，一颗是 2010 年由欧洲航天局法属圭亚那太空中心发射的 COMS-1；另一颗是 2018 年发射并于 2019 年 7 月业务运行的 GEO-KOMPSAT。韩国气象厅计划于 2025 年启动第三颗静止气象卫星项目，预计 2031 年发射。

5. 海洋观测

从全球来看，尽管全球海洋观测网络在系统监测和了解海洋方面不断取得进展，但热带气旋、海洋热浪和极端海洋天气等高影响事件增多意味着未来对海洋服务范围的需求将不断增加。截至 2024 年 8 月，Argo 观测网活跃浮标总数为 3908 个[①]，维持海洋观测网业务运行的国家主要有 34 个。

相关数据显示，美国拥有世界上规模最大的海洋观测系统，包括 100 多个近海锚系固定浮标和观测平台，500 多个漂移浮标，1500 多艘志愿观测船，200 多个海平面观测站，并在沿海海域采用高频雷达进行海流测量[①]。

① 资料来源：Argo 官网，https://argo.ucsd.edu/about/status/。

德国在海洋观测方面共有 391 艘志愿观测船、2 艘研究观测船、125 套船载自动气象站和 5 个锚定浮标②。韩国气象厅拥有 8 个系泊浮标、9 个自动气象站（设置在灯塔上）、1 艘观测船、1 架气象飞机和 1 个无人观测站（主要收集黄海的海洋气象数据）③。

6. 其他气象观测

法国现有 18 个雷电观测站，属私人公司所有。通过与意大利、德国、西班牙等邻国交换观测资料来扩大观测范围和提高资料质量。

德国全国 15 个国际机场、26 个支线机场的观测设备和气象服务全部由德国气象局提供。另外还有 10 个船载自动航空站。

加拿大的水文观测由气象局负责，全国共有 2200 多个水文观测站，由加拿大气象局与各省共同分摊运营费用。加拿大还建立了覆盖全国的雷电观测网，有 82 个观测站。

澳大利亚气象局和合作伙伴共同运营的水文站有 5400 多个，并布设 30 多套闪电定位仪，13 部太阳和地面辐射监测仪，6 部臭氧和臭氧廓线测量仪，32 个波浪浮标和 41 个海平面站。

全球主要国家气象观测概览见表 1.1。

---

① 资料来源：《全球气象发展报告 2023》，2024 年没有数据。
② 资料来源：德国气象宣传册（2022 年）。
③ 资料来源：韩国气象厅官网，截至 2024 年 4 月。

表 1.1 全球主要国家气象观测概览

	地面观测	高空观测	天气雷达	气象卫星	其他气象观测
美国	地面自动观测系统共有 1009 个站，现有 953 个业务运行。另有志愿观测站超过 1 万个，其他自动气象站有 1150 个；平均站距约 20 千米	高空观测站 92 个，每天 2 次；共有风廓线雷达 115 部	美国下一代天气雷达网（NEXRAD）共有 S 波段雷达 159 部，覆盖率超过 60%	在轨 7 颗，其中极轨业务气象卫星 NOAA 系列在轨 3 颗，静止业务环境卫星 GOES 系列在轨 4 颗	拥有世界上规模最大的海洋观测系统，100 多个近海锚系固定浮标和观测平台，500 多个漂移浮标，超过 1500 艘志愿观测船，200 多个海平面观测站。广泛使用无人机系统开展飓风观测，观测设备多样且协同
英国	气象自动观测站 200 多个，基本覆盖全英国大陆，平均站距约 40 千米	自动探空站 4 个，人工探空站 2 个，边界层风廓线雷达 4 部，对流层风廓线雷达 1 部	业务运行 15 部，覆盖率达 99%，目前正在开发设计下一代雷达系统	欧洲卫星情况： 极轨卫星： MetOp 系列有 3 颗，分别为 MetOp-A（2006 年）、MetOp-B（2012 年）和 MetOp-C（2018 年）。 静止卫星： Meteosat 系列有三代，共 12 颗卫星，第三代 MTG-I1 卫星已于 2022 年年底升空	
法国	自动气象站 650 个，包括 150 个天气站和 500 个区域自动气象站，平均站距约 30 千米	无线电探空站 19 个	法国本土现有 28 部天气雷达，海外领地有 7 部		18 个雷电观测站，由私人公司拥有
德国	地面观测站 180 个，其中 165 个为无人自动站；物候观测站 1065 个，志愿观测站 1734 个	自动探空站 10 个，每年开展气球探测 7500 次	双偏振多普勒天气雷达 17 部，平均站距 150 千米		海洋观测：志愿观测船 391 只，研究观测船 2 只，船载自动气象站 125 套。航空观测：德国全境 15 个国际机场、26 个支线机场的观测设备和气象服务全部由德国气象局提供。另外还有 10 个船载自动航空站
加拿大	自动气象站 575 个，合作气候网络站 225 个，灯塔站 29 个。观测网南部稠密、北部稀疏	常规气象要素无线电探空站 31 个，臭氧无线电探空站 10 个	多普勒天气雷达 33 部，覆盖加拿大境内人口稠密地区国土面积的 98%，占全部国土面积的 28%	已发射雷达卫星 RADARSAT-1 和 RADARSAT-2	2200 多个水文观测站。建立了覆盖全国的雷电观测网，有 82 个观测站
澳大利亚	自动观测站 724 个，自动气象站 20 千米内的人口覆盖率达 92%	高空探空站 38 个	天气雷达 67 部，基本实现了全国天气雷达覆盖		5400 多个水文站，30 多套闪电定位系统，32 个波浪浮标和 41 个海平面站

续表

	地面观测	高空观测	天气雷达	气象卫星	其他气象观测
日本	地面气象观测站160个，1300多个观测点使用自动气象数据采集系统，平均站距15千米	无线电探空站16个，风廓线雷达33个	C波段多普勒天气雷达20部。2020年起将多普勒天气雷达更新为双偏振天气雷达	有静止卫星“葵花”卫星系列，已发射9颗。“葵花-8号”(已退役）和“葵花-9号”卫星业务运行期暂定为2022—2029年	
韩国	地面气象观测站77个，自动气象站464个，平均站距约13千米，亚洲沙尘观测站20个	探空站7个，2022年5月全部实现自动化	气象雷达11部，雷达技术开发试验场1个，与韩国环境部（7部）、国防部（10部）雷达进行实时数据交换和共享使用	已发射静止气象卫星2颗，分别为COMS-1和GEO-KOMPSAT	17个沿岸气象观测设备、75个波浪浮标、21个船舶自动气象站、2个海洋观测站、100台海洋雾观测设备及154个海洋监控摄像机等。另外，还拥有2艘观测船和1架气象飞机

二、全球气象预报

气象预报预测是各国气象部门的核心业务，是气象服务经济社会发展的重要支撑。2023年，全球气象预报核心业务技术取得新的进展，呈现出数字化升级和智能化转型的发展态势。

（一）2023年气象预报的主要特点

2023全球气象预报主要呈现出以下特点。

一是基于物理驱动的数值预报仍然是各国气象预报业务的核心。在数值预报模式发展方面，重视发展下一代千米分辨率全球模拟，ECMWF、NOAA、日本气象厅均提出2030年前的千米级全球模式业务应用计划，ECMWF的中期天气确定性和集合预报水平分辨率均已达到9千米；重视发展耦合同化、多尺度同化方法，ECMWF、NOAA、日本气象厅均在其战略规划中提出相应的战略目标。在改进无缝隙地球系统模式方面，更加重视发展高度仿真的物理过程以及圈层间相互作用。二是 AI 技术正在成为支撑气象预报业务的重要新途径，物理和数据的“双轮驱动”时代即将到来；全球主要国家气象水文部门更加注重牵头主导 AI 业务研发和试用；AI 技术应用领域逐步从以区域短时临近预报、全球中期天气预报为主转向观测、预报、服务的全业务链条应用研发。三是数字化气象预报业务技术更成熟、应用更广泛，美国、英国、奥地利、德国等国家气象水文部门的业务预报领域从传统气象领域向海洋、水文、城市群、环境、空间天气等相关领域延伸，空间分辨率和时间分辨率显著提高（三维、1 千米、分钟级）。四是极端天气早期预警系统已成为全球气象部门的优先发展业务，其重要性日益凸显。灾害性天气预报预警向气象影响预报和风险评估延伸已成为气象业务发展的共识。

（二）2023 年气象预报主要进展[1]

根据 WMO 的统计，截至 2023 年底，全球范围内建立了共 22 类 137 个专门气象中心来支持和提升气象部门的预报服务能力。WMO 的 193 个会员中运行数值天气预报模式的国家和地区接近 100 个，其中 83 个会员建立了包括天气分析、预报和可视化的综合业务系统。

1. ECMWF

（1）ECMWF 综合预报系统集合预报升级

2023 年 6 月 27 日，ECMWF 综合预报系统（IFS）从 47r3 版升级为 48r1 版。ECMWF 综合预报系统 – 集合版（IFS–ENS）水平分辨率从 18 千米提高到 9 千米（与目前高分辨率确定性预报的分辨率相同），高空预报技巧明显提高。与前几年的夏季相比，2023 年 6—8 月的集合预报总体得分最高，且该得分的 12 个月滑动平均值也达到历史最高（图 1.1）。分辨率的提高也使地表

① 中国气象预报业务的主要进展见中国篇。

变量（如距地面高度 2 米温度和 10 米风速，下同）和极端事件（如热带气旋，图 1.2）预报技巧得到大幅度提升。延伸期预报延长到 46 天，集合成员从 51 个增加到 101 个，水平分辨率从约 100 千米提高至约 36 千米，垂直层数从 40 层加密至 137 层，从每周运行两次变为每天运行。地表变量预报准确率提高 2% ～ 6%，高空变量预报准确率提高 1% ～ 3%。在气候尺度上，ECMWF 负责的欧盟哥白尼气候变化服务拥有季节性预报集合预报产品，其集合成员由 ECMWF、英国气象局、法国气象局、德国气象局、意大利气象局、美国国家天气局、日本气象厅和加拿大气象局提供。

IFS 此次版本升级主要有以下技术改进：一是采用面向对象的预报系统（OOPS）作为新的四维变分数据同化框架；二是采用连续观测处理环境技术（COPE），具备千亿量级观测数据处理能力；三是优化海浪模式，增加卫星微波散射计等新的观测数据，被同化观测数据量增加约 30%，改进数据同化系统，将四维变分内环分辨率从 TL399（50 千米）提高到 TL511（40

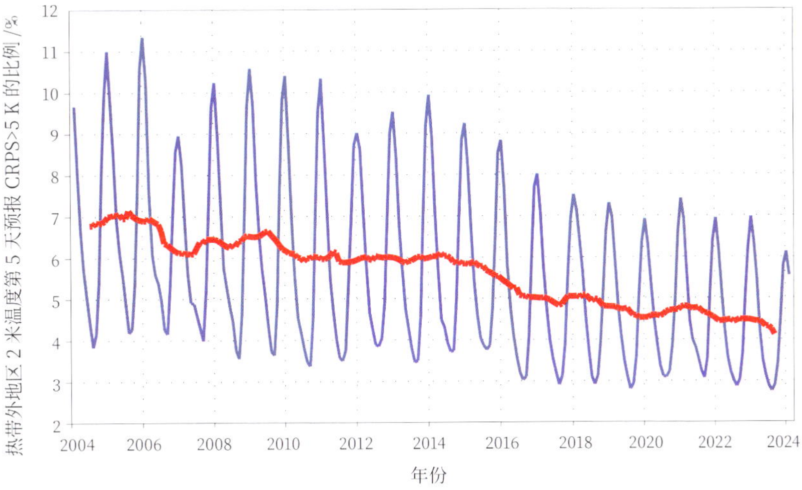

图 1.1　集合预报中 2 米温度预报误差较大的次数在 2023 年创历史最低[①]

① 资料来源：欧洲中期天气预报中心 2023 年年度报告。

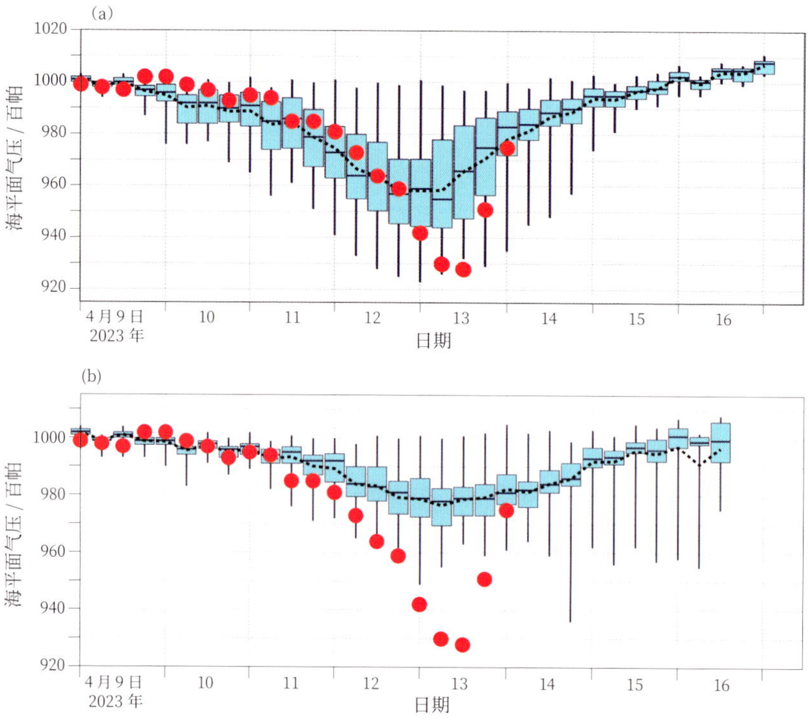

图 1.2 IFS 48r1 版本（a）和 47r3 版本 (b) 对热带气旋“伊尔萨”的中心平均海平面气压预报结果对比（红色圆点为观测的最低海平面气压值，蓝色盒须图为集合预报结果，黑色虚线为预报集合平均值）①

千米）；四是采用多层雪方案代替单层雪方案，显著减小了预报误差，并具备对高影响冰冻雨雪的预报能力；五是采用半拉格朗日平流新型迭代算法，并采用新的混合线性臭氧方案，改进动力学方法，显著提高了预报模式的水和能量守恒性。

在业务产品中，采用 IFS 预报已经可以生成大气顶可见光反射率产品。新产品能够捕获整个对流层中多个尺度和高度的云层，以及与土壤特性、植被和积雪相关的地表条件变化。

① 资料来源：欧洲中期天气预报中心 2023 年年度报告。

此外，ECMWF用于支持研究和教育的开放式综合预报系统（OpenIFS）也从IFS 43r3版升级为IFS 48r1版，并采用后者的预报功能。OpenIFS根据免费许可协议进行分发，OpenIFS 48r1测试版已于2023年9月上线。2014—2023年，每年有效的OpenIFS许可证数量逐年增多，意味着其用户数量逐年增多（图1.3）。此次升级使IFS和OpenIFS的连接更加紧密。未来模型的发布也将更为频繁，计划约每两年发布一次。

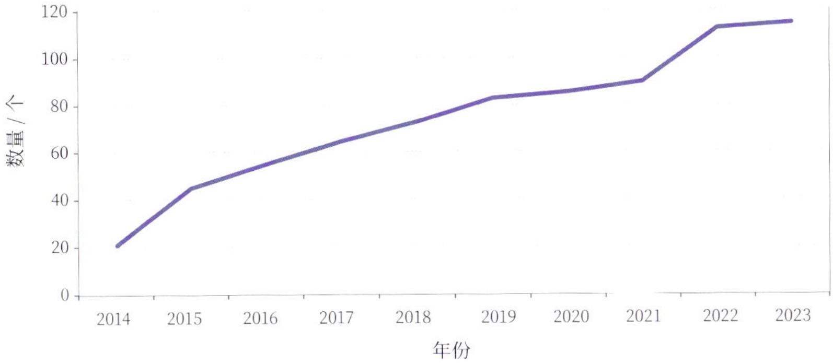

图1.3　每年有效的OpenIFS许可证数量（2014—2023年）[①]

（2）ECMWF ERA5再分析数据延伸至1940年

2023年，ECMWF公布了其第五代全球气候大气再分析数据集（ERA5）1940—1958年的数据。基于ERA5可构建1940—2023年长达84年的全球大气、陆地表面和海浪的数据记录，有助于构建全球完整的历史天气和气候图景。同时，再分析数据集可从哥白尼气候变化服务、ECMWF气象档案和检索系统（MARS）获取。

到2023年底，ERA5的用户已超过12.5万个，包括研究人员、专业顾问、大数据专家、记者、政策制定者和公众。特别是高质量、开放且易于访问的ERA5数据，对于训练高质量的气象预报大模型至关重要，有力推动了AI在气象领域的应用发展。

① 资料来源：欧洲中期天气预报中心2023年年度报告。

（3）“欧洲天气云”投入业务运行

2023 年 9 月 26 日，“欧洲天气云”正式投入业务运行。“欧洲天气云”是 ECMWF 和欧洲气象卫星开发组织的分布式云计算基础设施，可提供两组织的数据和其他服务。

“欧洲天气云”旨在为 ECMWF 和欧洲气象卫星开发组织成员国和合作国家所组成的气象群体提供平台，以共同协作和共享资源。“欧洲天气云”允许用户定制和部署应用程序和工作流程，并通过网络来开展服务。通过创建这一联合项目，ECMWF 和欧洲气象卫星开发组织可以直接访问和处理双方数据。未来，通过与成员国和合作国其他相关云基础设施的联盟，有望进一步扩大可访问数据的范围。

（4）其他进展

ECMWF 业务中应用的卫星数量从 2000 年的 10 个增加到 2023 年的 50 个，卫星传感器数量从 12 个增加到 95 个（图 1.4），其中，美国和亚洲的卫星传感器占比有所增大，欧洲的占比有所减小。例如，2000 年，美国、欧盟、亚洲的传感器数量占比分别为 70%、20%、10%，到 2020 年，占比分别为 30%、45%、25%。

2023 年，WMO 指定 ECMWF 为次季节预报全球制作中心和次季节预报多模式集合牵头中心，主要职责包括提高预报信息的一致性和可用性、促进数据交换以及协调次季节预报的多模式集合。

2023 年 3 月，ECMWF 宣布实施哥白尼气候变化服务演变、哥白尼大气监测服务演变、二氧化碳排放监测和验证支持补充观测研究 3 个研究项目，以提高哥白尼气候变化服务和哥白尼大气监测服务的质量。ECMWF 与其他哥白尼应急管理服务中心和欧盟委员会联合研究中心，共同推出了欧洲洪水意识系统（EFAS）和全球洪水意识系统（GloFAS）两个千米级水文预报业务系统。欧洲洪水意识系统第 5 版于 2023 年 9 月发布，其空间分辨

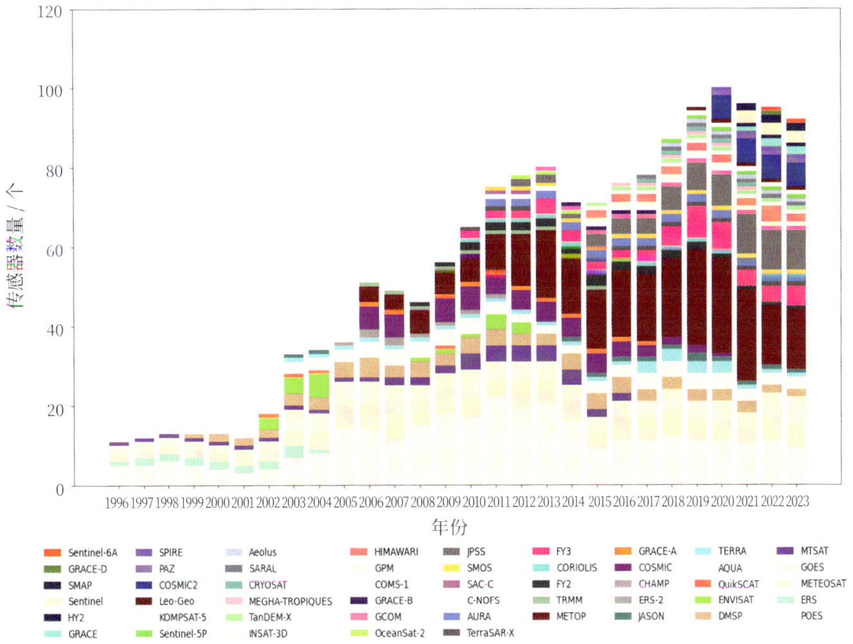

图 1.4　1996—2023 年 ECMWF 业务监测中应用的卫星传感器数量[①]

率提高到约 1.4 千米 ×1.4 千米（全球洪水意识系统第 4 版于 2023 年 7 月发布，其空间分辨率提高到约 5 千米 ×5 千米）。

ECMWF 通过系统观测融资机制（SOFF）向相关最不发达国家和小岛屿发展中国家的第一批 25 个国家提供实时预报。这些国家能够使用网格间距为 9 千米的 4 天预报作为边界条件来初始化更高分辨率的区域模式。

2. 美国气象部门

破纪录的海洋热浪、不断上升的温室气体浓度以及高于平均数量的飓风（2023 年飓风季共产生了 20 个命名风暴）等，使得 2023 年成为 NOAA 较为忙碌的一年。

（1）NOAA 推出新的飓风预报模型

NOAA 国家飓风中心的新一代飓风预报模型——飓风分析与预报系统

① 资料来源：欧洲中期天气预报中心。

（HAFS）于 2023 年 6 月 27 日正式业务运行。目前，这一系统与现有模型并行运行，之后将逐步取代现有模型成为 NOAA 主打的飓风预报模型。

HAFS 的快速部署是 NOAA 提升飓风预报能力的重要里程碑。2019—2022 年，HAFS 试验版本的运行结果显示，与 NOAA 现有的飓风模型相比，HAFS 在路径预报准确率上提高了 10% ～ 15%，在飓风强度预报方面与现有模型不相上下，在预报飓风快速增强方面则有明显提升。

未来 4 年，HAFS 还将持续升级，以实现 NOAA 飓风预报改进计划（HFIP）的目标，即到 2027 年，所有模型预报误差比 2017 年减小近一半。

（2）NOAA 升级模型以改进风暴潮预报

2023 年 5 月，NOAA 风暴潮模型升级到 3.0 版。新版本的风暴潮模型引入了多项新功能，以帮助预报员更全面地了解风暴潮的风险，其中包括对波多黎各和美属维尔京群岛进行的新的风暴潮、潮汐和海浪预测。此外，该模型还具备同时为两个风暴运行的能力，为处理两个可能同时影响美国本土或一个影响美国本土、另一个影响波多黎各或美属维尔京群岛的情况提供了支持。升级版的风暴潮模型还改进了对不同地表类型的摩擦计算，从而更准确地计算沿海水淹的范围。

（3）美国天气气候超级计算机系统实现升级

2023 年 8 月，美国商务部和 NOAA 将国家天气和气候业务超级计算系统的容量扩大了 20%。通过此次升级，位于弗吉尼亚州马纳萨斯和亚利桑那州菲尼克斯的两台超级计算机的计算能力达到 29 PFlops（1 PFlops= 每秒 1 千万亿次浮点运算），再加上 NOAA 在西弗吉尼亚州、田纳西州、密西西比州和科罗拉多州部署的超级计算机的 20 PFlops，支持 NOAA 业务和研究的超级计算能力达到了 49 PFlops。这将支持 NOAA 未来几年数值预报系统的升级，包括美国全球预报系统的模型水平分辨率从当前的 13 千米提高至 9 千米、升级快速循环预报系统、使用更先进的高分辨率数据同化技术、升级全球集合预报系统等。

与此同时，美国国家大气研究中心（NCAR）也推出了新的超级计算机 Derecho。Derecho 耗资约 3500 万美元，计算能力达到 19.87 PFlops，是 NCAR 的第一台包含大量图形处理单元（GPU）的超级计算机，包含 382 块英伟达 A100 GPU。

（4）NOAA 推动统一预报系统的多方协同开发

NOAA 地球预测创新中心（EPIC）是 NOAA 根据 2018 年美国国家综合干旱信息系统重新授权法案的要求建立的。EPIC 作为 NOAA 天气计划办公室（WPO）的一项计划，旨在推动社区开发的科学技术应用到数值天气预报业务中。

EPIC 建立了社区门户网站，以支持统一预报系统（UFS）的持续集成和开发，并定期举办行业内外的社区活动，为 UFS 的相关协同社区提供支持。EPIC 还与其他 WPO 和 NOAA 相关计划共同提供科学创新机会。在 EPIC 的推动下，2023 年 3 月，UFS 陆地数据同化系统 1.0.0 版在社区门户网站上公开发布，6 月 1.1.0 版公开发布，12 月 1.2.0 版公开发布。2023 年 10 月，UFS 短期天气应用软件 2.2.0 版在社区门户网站上公开发布。

3. 其他国家气象部门

（1）英国气象局

2023 年 2 月，英国气象局高分辨率模式 UKV 输出可在 Windy.com 网站免费获取。6 月，英国卫生安全局更新了与英国气象局合作运营的英格兰恶劣天气预警服务，更新后的系统特别关注英格兰极端天气对人体健康的影响，主要面向卫生专业人员和患有心脏病等长期疾病的人群。还是在 6 月，英国气象局和自然环境研究理事会联合开展研究计划，旨在优化对极端天气的预报，帮助英国更好地管理天气相关风险。

9 月，英国气象局与 FLYHT 航空解决方案公司、Loganair 航空公司开展合作，旨在提高天气预报的准确率和局地恶劣天气预报水平，并提高航线规划效率，以实现减少二氧化碳排放的目标。具体的，英国气象局可将FLYHT-WVSS-Ⅱ水汽传感器安装在飞越英国的Loganair Embraer 145飞机上。传感器将在飞行过程中持续监测飞机周围的环境状况，从而提供整个大气层的湿度、温度和风力测量数据。这些增加的观测数据将改善局地尺度的天气预报。该传感器还将与FLYHT的Certus卫星通信和AFIRS Edge多通道无线快速存取记录器完全集成，用于实时传输飞机观测数据。

（2）德国气象局

德国气象局一项研究显示，已依靠AI方法成功地将天气观测数据直接输入到数值预报模式和分析过程中。与之前的混合同化方法不同，该研究利用变分数据同化框架，将数据同化过程直接集成到神经网络中。这种基于AI的创新系统称为AI-Var，采用一个训练好的神经网络来最小化变分成本函数，使其能够在不依赖预先存在的分析数据集的情况下执行数据同化。该技术有可能成为当前通过AI进行天气预报革命的关键基础。

（3）日本气象厅

日本气象厅和气象研究所联合推出全新季节预测系统——JMA/MRI耦合预测系统第3版（JMA/MRI-CPS3）。在历史回报方面，该系统使用再分析数据集JRA-3Q为大气提供初始条件，为陆地、海洋和海冰分析提供外部驱动。在实时业务中，日本气象厅将实时分析资料和JRA-3Q相结合用于系统初始化。然后，陆地表面模型通过大气分析资料驱动的非耦合模拟来做初始化，而海洋和海冰模式则采用MOVE-G3全球海洋数据同化系统（该系统对温度、盐度和海表高度采用新开发的四维变分方法，对海冰浓度采用三维方法）。与前一版本相比，CPS3的模式分辨率明显提高，为之前的2～4倍。其中，大气和陆表模式水平分辨率为约55千米，垂直大气层为100层，海洋和海冰模式分辨率为0.25°×0.25°，垂直海洋层为60层。CPS3引入更加精细的大气物理过程，改善了对次季节至季节尺度变率的表征，显著

改进了对马登 – 朱利安振荡（MJO）的东向传播、北大西洋冬季阻塞高压以及厄尔尼诺 – 南方涛动事件期间大气 – 海洋耦合变率的描述。

同时，日本气象厅积极参与 WMO 世界天气研究计划（WWRP），促进与数值预报相关的研究和开发；积极参与 WMO 世界气候研究计划（WCRP），推动季节预报和气候变化预测方面的研究。

（4）韩国气象厅

2023 年，韩国气象厅实施了示范项目和研发计划，为推动未来城市空中交通（UAM）产业发展提供定制气象信息。

UAM 工具可以独立或有机地相互连接，从事与人员或货物运输相关的活动。UAM 工具的运营高度为 300 ～ 600 米，受城市区域内高层建筑和频繁的大气湍流影响较大。目前，通过现有的气象观测网络获得 UAM 航线观测数据具有挑战性。此外，为确保 UAM 安全运营，有必要开发新技术以生成考虑湍流和建筑影响的城市低空飞行器气象信息。因此，韩国气象厅打算执行该研发计划，以构建跨观测、预报和服务周期的业务系统，重点是通过定制气象信息来支持 UAM 产业的发展。

（三）2023 年气象预报发展国际对比

本报告对 2023 年气象预报发展水平的国际比较主要集中在天气预报、气候预测、高性能计算等领域。

1. 天气预报

（1）数值天气预报模式

——水平分辨率。全球数值天气预报模式中，ECMWF 的确定性综合预报系统（IFS）水平分辨率达到了 9 千米，综合预报系统 – 集合版（IFS–ENS）在 2023 年有重大升级，水平分辨率也达到 9 千米。在可获取相关数据的 8 个发达国家和国际组织中，全球数值天气预报系统水平分辨率在 9 ～ 13 千米的有 6 个（表 1.2）。

表 1.2　2023 年全球主要数值天气预报系统核心参数对比

国家或组织	全球数值天气预报系统水平分辨率 / 千米	全球集合预报系统水平分辨率 / 千米（集合成员数）	区域中尺度数值预报系统水平分辨率 / 千米	区域集合预报系统水平分辨率 / 千米（集合成员数）
美国国家天气局	13	25（32）	3	3（36）
英国气象局	10	20（36）	1.5	2.2（18）
法国气象局	24	24（35）	1.3	2.5（12）
德国气象局	13	26（40）	2.8	2.8（20）
加拿大气象局	17	39（32）	2.5	2.5（21）
日本气象厅	13	27（51）	2	5（21）
澳大利亚气象局	12	33（36）	—	—
欧洲中期天气预报中心	9	9（51）	无	无

注：— 表示暂未掌握相关资料。

——北半球 500 百帕高度场第 5 天预报距平相关系数（ACC）和均方根误差（RMSE）。图 1.5 是 WMO 确定性数值天气预报验证牵头中心——ECMWF 给出的不同气象中心北半球 500 百帕高度场第 5 天预报的 ACC 和 RMSE 对比（截至 2023 年 9 月，世界时 12 时起报），其中，ECMWF 的 ACC 为 93.16%，美国的 ACC 为 90.37%。

——北半球集合预报 500 百帕高度场 7 天概率预报的连续分级概率评分（CRPS）。图 1.6 是 WMO 集合预报验证牵头中心——日本气象厅给出的 7 天概率预报水平对比。从图中可以看出，近年来中国集合预报水平显著提升。截至 2023 年 7 月，ECMWF 的 CRPS 为 17.72。

——数值天气预报可用预报时效。2023 年，中国 CMA-GFS 北半球可用预报时效达到 8.1 天，较 2022 年提高 0.3 天；东亚可用预报时效达到 8.0 天。ECMWF 和美国国家环境预测中心（NCEP）全球数值天气预报模式的北半球可用预报时效分别为 9.0 天和 8.6 天；中国 CMA-GFS 北半球可用预报时效 8 年来共提高了 0.7 天，提升速度相对较快（图 1.7）。

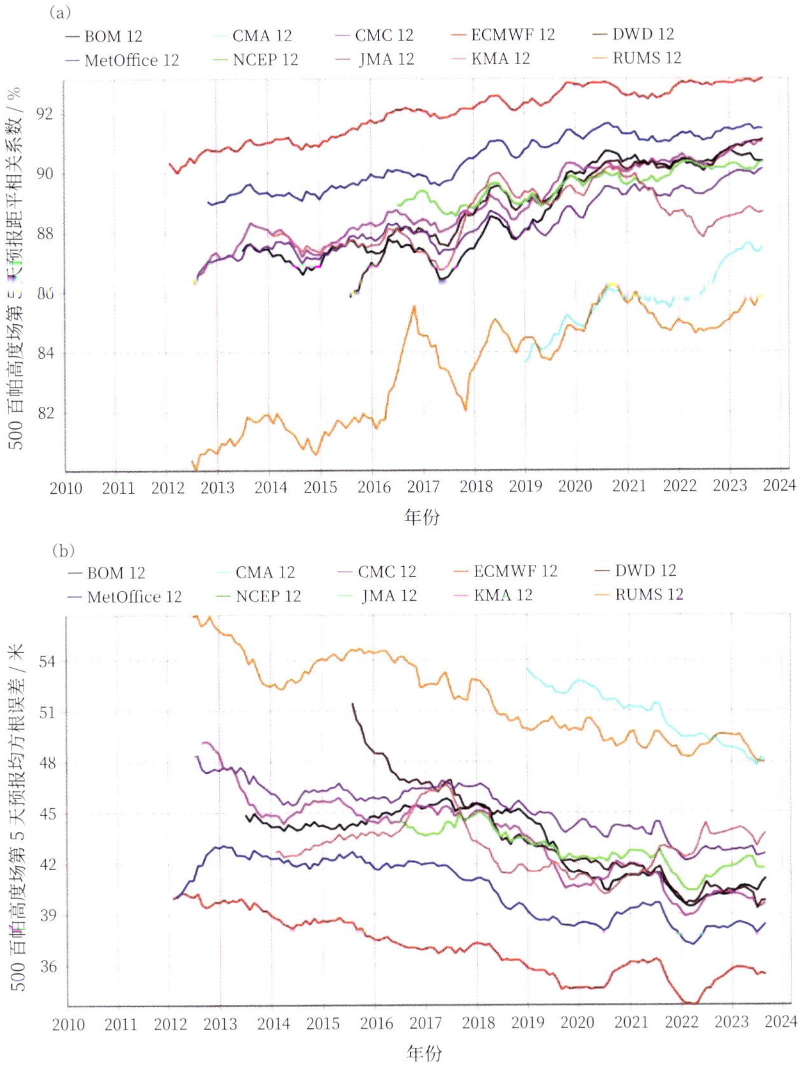

图 1.5　2012—2023 年世界主要气象机构全球数值天气预报水平对比，包括 500 百帕高度场第 5 天预报 ACC 对比（a）和 RMSE 对比（b）（12 个月滑动平均）[①]

---

① 资料来源：WMO 确定性预报验证牵头中心。

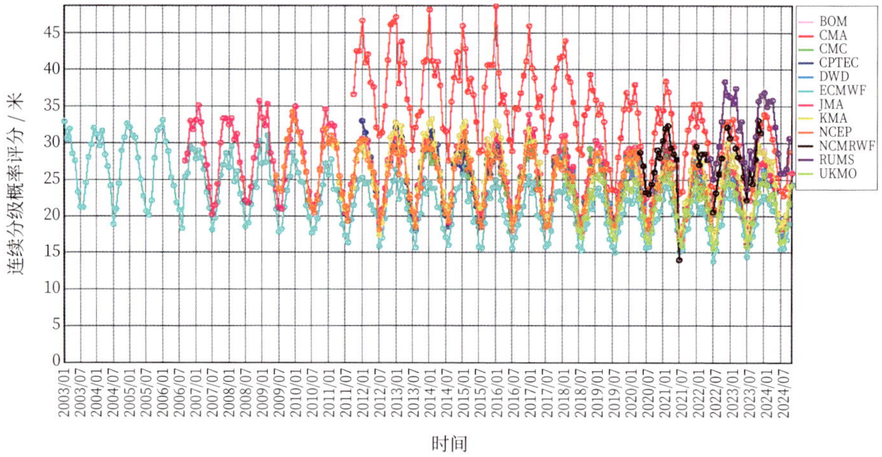

图 1.6　2003—2023 年多中心北半球集合预报 500 百帕高度场 7 天 CRPS 对比[①]

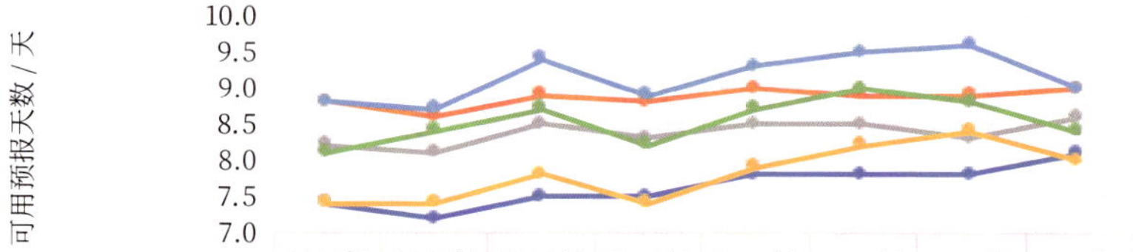

	2016年	2017年	2018年	2019年	2020年	2021年	2022年	2023年
CMA-北半球	7.4	7.2	7.5	7.5	7.8	7.8	7.8	8.1
ECMWF-北半球	8.8	8.6	8.9	8.8	9.0	8.9	8.9	9.0
NCEP-北半球	8.2	8.1	8.5	8.3	8.5	8.5	8.3	8.6
CMA-东亚	7.4	7.4	7.8	7.4	7.9	8.2	8.4	8.0
ECMWF-东亚	8.8	8.7	9.4	8.9	9.3	9.5	9.6	9.0
NCEP-东亚	8.1	8.4	8.7	8.2	8.7	9.0	8.8	8.4

图 1.7　2016—2023 年中国和 ECMWF、NCEP 全球数值天气预报模式可用预报时效对比（北半球和东亚）[②]

（2）数字化智能网格预报水平

——晴雨（雪）预报准确率。数据显示，2023 年中国中央气象台和中国省级气象台预报员的订正预报 24 ~ 72 小时全国晴雨（雪）预报准确率

① 资料来源：WMO 集合预报验证牵头中心。
② 资料来源：中国气象局地球系统数值预报中心。

均高于 ECMWF、CMA–GFS 数值预报结果（图 1.8）。

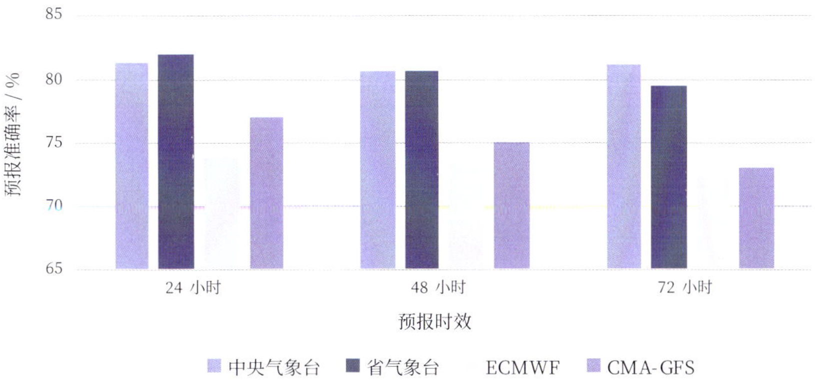

图 1.8　2023 年 08 时次晴雨（雪）预报准确率对比（中国中央气象台预报员订正结果、中国省级气象台预报员订正结果、ECMWF 模式、CMA-GFS 模式）[①]

——1 ～ 2 天逐 24 小时累计降水预报。2023 年，CMA–GFS 模式的 24 小时和 48 小时小雨预报能力与 ECMWF 模式相当，但中雨、大雨、暴雨的预报能力略低。而中国预报员订正结果对各量级降水的预报 TS 评分均高于 ECMWF 模式、CMA–GFS 模式（图 1.9、图 1.10）。

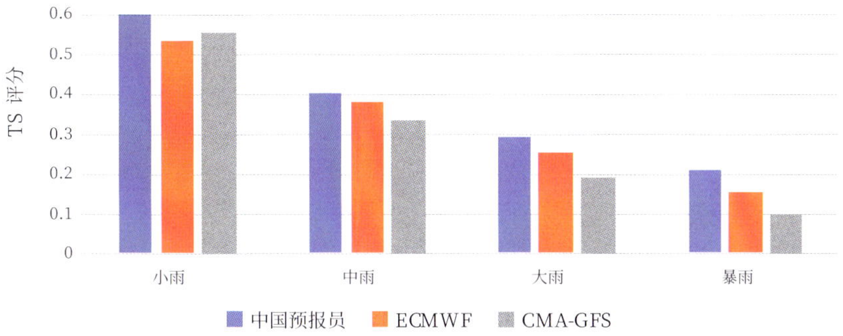

图 1.9　2023 年 08 时次 24 小时定量降水预报 TS 评分对比（中国预报员订正结果、ECMWF 模式、CMA-GFS 模式）[②]

① 资料来源：国家气象中心。
② 资料来源：国家气象中心。

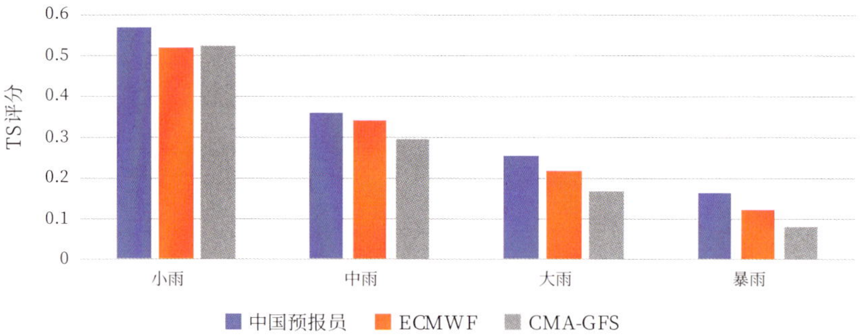

图 1.10　2023 年 08 时次 48 小时定量降水预报 TS 评分对比（中国预报员订正结果、ECMWF 模式、CMA-GFS 模式）[①]

——台风路径预报。2023 年，中国对西北太平洋台风路径的 24 小时预报误差为 62 千米。中国 1 ～ 5 天路径预报水平优于美国和日本模式，4 ～ 5 天路径预报水平美国优于中国和日本模式（图 1.11）。

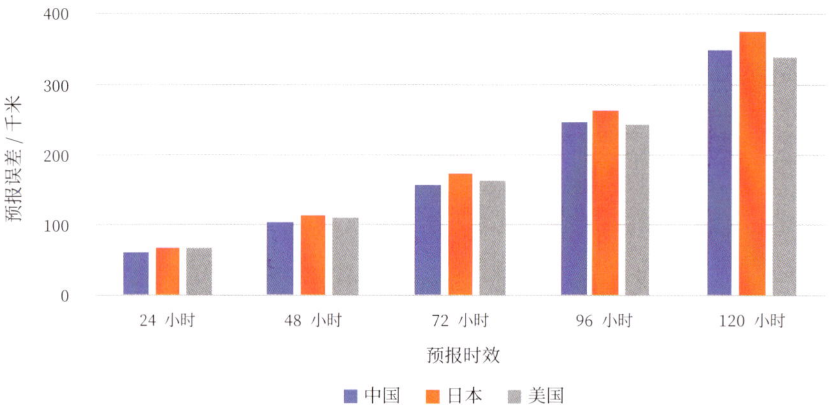

图 1.11　2023 年中国、美国、日本对西北太平洋台风路径预报误差对比[②]

① 资料来源：国家气象中心。
② 资料来源：国家气象中心。

2. 气候预测

（1）气候预测模式

2023 年，全球主要气候模式预测系统核心参数对比如表 1.3 所示。中国气象局气候预测系统（CMA-CPSv3）预测系统大气水平分辨率为 45 千米，海洋水平分辨率为 25 千米，与英国、美国、日本的业务模式水平基本相当。

表 1.3　全球主要气候模式预测系统核心参数对比

国家或组织	次季节气候预测系统	季节—年际气候预测系统
中国	大气：水平 45 千米，垂直 56 层，模式顶 65 千米； 海洋：水平 25 千米，垂直 50 层	大气：水平 45 千米，垂直 56 层，模式顶 65 千米； 海洋：水平 25 千米，垂直 50 层
欧洲中期天气预报中心	大气：水平 16 ～ 32 千米，垂直 91 层，模式顶 80 千米； 海洋：水平 25 千米，垂直 75 层	大气：水平 36 千米，垂直 91 层，模式顶 80 千米； 海洋：水平 25 千米，垂直 75 层
英国	大气：水平 50 千米，垂直 85 层，模式顶 80 千米； 海洋：水平 25 千米，垂直 75 层	大气：水平 50 千米，垂直 85 层，模式顶 80 千米； 海洋：水平 25 千米，垂直 75 层
美国	大气：水平 100 千米，垂直 64 层，模式顶 75 千米； 海洋：水平 25 ～ 50 千米，垂直 40 层	大气：水平 100 千米，垂直 64 层，模式顶 75 千米； 海洋：水平 25 ～ 50 千米，垂直 40 层
日本	大气：水平 40 千米，垂直 100 层，模式顶 80 千米； 海洋：无	大气：水平 55 千米，垂直 100 层，模式顶 80 千米； 海洋：水平 25 千米，垂直 60 层
加拿大	大气：水平 39 千米，垂直 85 层，模式顶 65 千米； 海洋：水平 25 千米，垂直 50 层	大气：水平 155 千米，垂直 79 层，模式顶 66 千米； 海洋：水平 110 千米，垂直 50 层

（2）气候预测技巧

对比中、欧、英、日、美气候模式预测系统性能指标（表 1.4）可以发现，在亚洲夏季风环流指数预测方面，中国水平最高（0.72），ECMWF 次之（0.62）；厄尔尼诺区夏季海温异常预测方面，ECMWF 水平最高（0.73），中国次之（0.70）；在马登 – 朱利安振荡（MJO）预测有效天数方面，ECMWF 最高（30 天），中国次之（24 天）。

表 1.4 全球次季节—季节—年际尺度一体化气候模式预测系统性能指标对比

系统 / 模式名称	国家 / 组织	亚洲夏季风环流指数 ACC	厄尔尼诺区夏季海温异常 ACC	马登 – 朱利安振荡（MJO）预测有效天数 / 天
CMA-CPSv3	中国	0.72	0.70	24
ECMWF-SYSTEM5	ECMWF	0.62	0.73	30
UKMO-GloSEA5	英国	0.37	0.56	23
JMA-CPS2	日本	0.33	0.65	20
NCEP-CFSv2	美国	0.20	0.47	21

3. 高性能计算

2023 年，全球部分国家气象部门高性能算力情况图 1.12 所示。

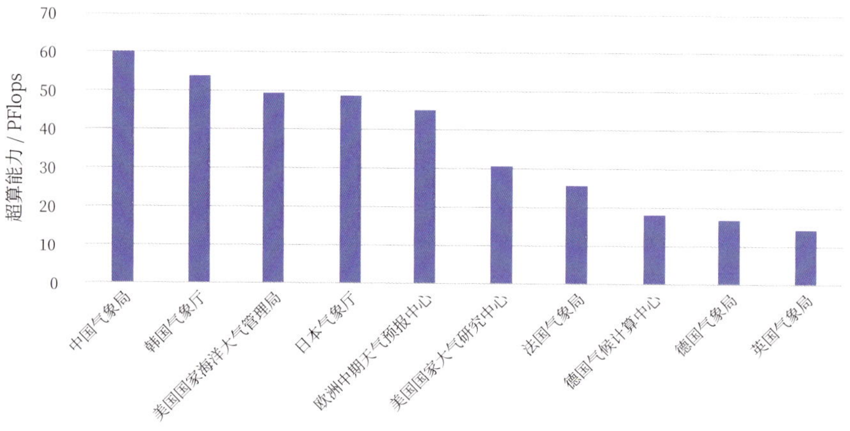

图 1.12 2023 年全球部分国家和国际组织超算能力（数据截至 2023 年 12 月）[①]

① 资料来源：NOAA 数据来自 NOAA 官网，其他数据来自国家气象信息中心。

第二章 全球气象主要进展（下）*

本章重点介绍2023年全球气象服务、科技创新和气象治理等领域的主要进展与国际对比情况。

一、全球气象服务

（一）2023年气象服务发展的主要特点

1. 全球极端天气气候事件频发凸显气象服务的紧迫性

WMO2024年3月发布的《2023年全球气候状况》报告指出，2023年，洪水、热带气旋、极端高温和干旱以及相关野火等极端天气和气候事件产生了重大的社会和经济影响。例如，热带气旋“弗雷迪”成为目前世界上持续时间最长的热带气旋之一，对马达加斯加、莫桑比克和马拉维造成了重大影响；5月的热带气旋“穆查”是孟加拉湾有史以来观测到的最强气旋之一，造成斯里兰卡、缅甸、印度和孟加拉国等国家170万人流离失所，并使原本就比较严重的粮食不安全状况进一步加剧。2023年，南欧和北非受极端高温天气的影响最为严重，7月下半月，意大利、突尼斯、摩洛哥和阿尔及利亚的高温均超过了48 ℃；加拿大的野火季节是有记录以来最严重的，全年过火总面积达1490万公顷，是年均水平的7倍多；洪水造成埃塞

---

* 执笔人员：于丹 李萍 林霖 王晓璇

俄比亚、布隆迪、南苏丹等国180万人流离失所；等等。

极端天气气候事件的频发、重发对全球经济社会发展产生了重大而深远的影响，气象服务的重要性和紧迫性进一步凸显。

中国气象局公布的“2023年国外十大天气气候事件”

1. 地中海罕见飓风“丹尼尔”引发利比亚巨灾；
2. 巴西持续干旱，亚马孙河支流水位创历史最低；
3. “全球沸腾”时代到来，地球平均气温再创新高；
4. 澳大利亚西北部遭遇“百年一遇”洪水；
5. 超级寒流侵袭美国，夜间风寒温度低至-78 ℃；
6. 南美洲冬季似夏，最高气温超37 ℃；
7. 南半球热带气旋“弗雷迪”创最长生命史；
8. 美国夏威夷毛伊岛野火造成严重伤亡；
9. 厄尔尼诺搅动全球气候，放大极端天气；
10. 太阳风暴频发，北半球多地现强烈极光。

2. 早期预警相关行动计划和项目持续推进

WMO相关报告显示，自2022年3月联合国发布《全民早期预警倡议》以来，全球在气象灾害风险知识、观测预测、预警传播及应对准备、多灾种早期预警系统建设和质量等方面都有不同程度的进展（具体进展见第五章）。

2023年，WMO还牵头实施了地中海早期预警系统新项目（MedEWSa项目），以开发多灾种早期预警系统（MHEWS）互联系统，帮助保护欧洲—地中海—北非地区公民安全和基础设施，加强灾害应对机制。该项目由欧盟委员会地平线计划资助500万欧元，周期为3年。

3. 全球持续关注面向决策的气象服务

WMO 一直致力于支持气象相关政策和决策，其多项旗舰产品为区域和全球相关决策提供了关键天气气候信息；其最新战略规划也明确将“强化支持决策的天气信息和服务”作为未来四年的一项具体目标。

美国一直注重推进基于影响的决策支持服务（IDSS），在其商务部绩效考核中，NOAA 承担的一项重要战略目标就是通过改进预报来提升服务和数据对决策的影响。同时，美国海洋大气研究办公室最新绩效评估报告中也明确提出，建议未来增加“支持决策者的计划政策和行动数量”这一考核指标。日本气象厅《数值天气预报战略计划（2022—2030 年）》将推进“基于概率预报与人工智能技术融合的决策支持”作为面向 2030 年的一项优先目标。

4. 全球持续关注面向用户的个性化气象服务

各国气象部门和主要国际组织都十分注重气象服务的个性化和定制化。《ECMWF 2021—2030 年战略计划》中明确提出，以用户为重点，动态响应用户要求，确保提供一致、及时和高质量的服务。《WMO 2024—2027 年战略规划》更加强调数据产品的使用和定制化，以满足不同用户群体的需求，包括提供个性化预报服务、定制化气象产品，以及将预报与其他领域的应用相结合，从而提供更加全面的解决方案。NOAA 也采用向公众、社区，以及公共卫生、住房、粮食安全和经济发展部门等征求意见的方式，调查用户对气象服务（包括气候数据、信息、科学和工具等）的反馈，并侧重于收集来自灾害防御服务缺乏社区（包括部落和土著社区）的意见与建议。

（二）2023 年气象服务发展国际对比

由于国家体制和国情的差异，各国气象服务各具特色。本节主要从气象灾害预警、气象服务满意度、公众气象服务、气象产业发展、气象服务的经济效益等方面，对各国气象服务的客观情况进行比较。

1. 气象灾害预警

美国国家天气局注重开展基于影响的决策支持服务（IDSS），与各级政府应急部门以及相关非政府机构携手合作，通过电话、电子邮件或在线网络研讨会等形式提供预报建议的远程支持、紧急行动中的现场支持，或者在事故、活动中提供现场支持等。气象预警涵盖 8 类天气现象，预警级别包括信息声明、公告、预警、警告等级别；预警信息通过国家天气局天气交互处理系统创建和分发，通过 8 个不同的系统以网络、电视或广播形式发布①，其中无线紧急警报系统是美国政府与移动通信运营商合作开发的基于位置的紧急警报系统，该系统不受通信网络影响，可以第一时间向受影响的人群准确发送。

中国建立了比较完善的“党委领导、政府主导、部门联动、社会参与”的气象防灾减灾机制。对 14 类气象灾害依据危害程度、紧急程度和发展态势进行分级预警和采取不同的防御措施，级别包括Ⅳ级（一般）、Ⅲ级（较重）、Ⅱ级（严重）、Ⅰ级（特别严重），依次用蓝色、黄色、橙色和红色表示，由气象主管机构通过国家突发预警信息平台、网络、电视、广播或电子显示装置等多种渠道，以及国、省、市、县四级预警新媒体矩阵统一发布，实现了预警信息分级、分类、分区域、分受众的精准发布。

法国气象预警共有 9 类天气灾害、分为 4 级，主要通过法国预警网站、法国气象局网站、法国气象局移动应用程序以及社交媒体发布。

德国气象预警涵盖 11 类天气现象、分为 4 级给出对应的危险警告和行动建议，通过新闻通讯、短信、传真及 WarnWeather 应用程序发布。

---

① 紧急警报系统（EAS）、无线紧急警报（WEA）、综合公共警报和警告系统（IPAWS）、NOAA 天气广播（NWR）、NOAA 气象通信服务（NWWS）、应急管理人员天气信息网络（EMWIN）、交互式天气信息网络（IWIN）、NOAA 预报资料传输系统（NOAAPORT）。

日本气象预警主要针对3类天气灾害，对应5级警戒级别和应对措施建议。在发生重大灾害时实施特别警报制度，包括大雨特别警报、台风引起的特别警报（暴雨、风暴潮、海浪特别警报）、降雪引起的特别警报（暴风雪和大雪）。

另外，近年来，高科技企业越来越多地参与气象预警系统研发。如谷歌与政府部门合作，在谷歌检索、谷歌地图等平台上发布灾害信息；与印度、孟加拉国、斯里兰卡、哥伦比亚和巴西等国家机构合作推出洪水预报系统；谷歌预报系统具有向80个国家提供服务的能力。从高科技企业面向公众的预警服务情况来看，微软侧重于通过提高互联网速度和可访问性，确保国家气象机构的预警信息能够有效传播；谷歌专注于洪水和高温等预警，与WMO合作发起建立全球高温健康信息网络；亚马逊提出构造全球预警系统；脸书（Meta）核心系统具有的灾害响应功能已覆盖125个国家和地区，可为全民预警作支撑；阿里巴巴在云创新和AI助力减灾等方面发力，聚焦亚洲，尝试支持台风天气渔船召回、汛期河道管理和促进城市安全等。

2. 气象服务满意度

各国均采用问卷调查或计量经济模型等方法对气象服务满意度进行评价，但由于具体评价标准和数据口径不同导致难以直接对比，这里仅作简要介绍。

中国气象局为客观评价公众气象服务效益，从2011年开始委托国家统计局社情民意调查中心开展公众气象服务评价。评价结果显示，2023年全国公众气象服务满意度为92.4分（满分100分），连续6年稳定在90分以上。

美国基于第三方的问卷调查和计量经济模型，评估了全美地区对国家天气局的气象服务满意度，结果表明，2022财年满意度为82分（满分100分），较2021财年提高1分。

澳大利亚气象局通过对不同客户及行业分别进行问卷调查的方式开展气象服务满意度评估。结果表明，2022—2023 财年，普通社区和应急管理客户的满意度较 2021—2022 财年（77%）有所提升，达到 79%，其中，社区满意度为 81%，应急管理客户满意度为 77%。在行业满意度调查中，航空部门、能源和资源行业、国防和国家安全部门、水务部门对气象服务表示满意或信任。

英国气象局每两年进行一次用户满意度调查。在最近的一次调查中（2021—2022 财年），用户对天气预警服务的满意度为 92%，其中有 76% 的用户表示非常满意。

3. 公众气象服务

2023 年，美国国家天气局在推特（Twitter）、脸书（Facebook）、油管（Youtube）等社交媒体上的粉丝数量约为 416.6 万人。英国气象局在推特、脸书、抖音（Tiktok）等社交媒体上的粉丝数量约为 205 万人；在 2023 年 7 月热浪期间，英国气象局网站日最高约有 360 万次访问和 190 万用户。法国气象局在推特、脸书、油管等社交媒体上的粉丝数量约为 47 万人。德国气象局在推特、脸书、油管、Mastodon 等社交媒体上的粉丝数量约为 44 万人，2023 年其冬季服务门户网站——道路天气信息系统（SWIS）的页面浏览量约为 2.5 亿次，灾害保护门户网站——消防天气信息系统（FeWIS）的页面浏览量约为 14 亿次。澳大利亚气象局在推特、脸书、照片墙（Instagram）等社交媒体上的粉丝数约为 236 万人。

中国气象服务已涵盖大众衣、食、住、行、健康、安全各方面；各级气象部门制作发布的公众气象服务产品包含 7 大类百余种，形成了社会广泛参与的电视、网站、应用程序（App）、微博、微信等全媒体气象服务传播体系，中国气象局新媒体矩阵关注人数超 5000 万。

4. 气象产业发展

多家研究机构不约而同地对气象产业发展作出了快速增长的预测。需要说明的是，由于机构间统计口径不同，相关结果存在一定差异（表 2.1）。

表 2.1 不同机构对天气预报服务市场份额预估情况

研究机构	统计内容	预计年均增长率
大视野研究（Grand View Research）	Accuweather、DTN、Earth Networks、Fugro、UKMO、Precision Weather Service、Spire Global、StormGeo、The Tomorrow Companies Inc.、The Weather Company 等气象企业和机构的产业发展情况	6.7%（2023—2030 年）
研究与市场（MarketsandMarkets™）	The Weather Company、DTN、Accuweather、Fugro、Enav SPA 等气象企业的产业发展情况	8.2%（2023—2028 年）

行业领先的市场调查研究机构"大视野研究"（Grand View Research）2023 年 11 月的研究结果显示[①]：2022 年全球天气预报服务市场规模达 169.28 亿元[②]，2023—2030 年天气预报服务市场的预计年均增长率为 6.7%。从细分市场来看，2022 年，中期预报市场占据最大收入份额，达到 28.4%；北美地区在市场上占据主导地位，市场份额达到 27.1%，但亚太地区在 2023—2030 年的预计年均增长率最高，达到 6.8%；媒体行业（电视、广播、网站和移动应用程序）市场份额占比最大，为 10.8%，可再生能源领域在 2023—2030 年的预计年均增长率最高，为 7.1%。

市场研究公司"研究与市场"（MarketsandMarkets™）[③]的分析数据显示，全球天气预报服务市场预计将从 2023 年的 134.57 亿元增长到 2028 年的 198.32 亿元，年均增长率为 8.2%。

① 资料来源：大视野研究官方网站。

② 本章各国币种金额均以 2023 年 12 月 31 日的中国银行汇率换算为人民币金额。

③ MarketsandMarkets™ 是美国一家全球领先的市场研究咨询公司。本部分来源 *Weather Forecasting Services Market—Analysis and Forecast to 2028*。

5. 气象服务的经济效益

在美国，研究显示，天气每年对美国 GDP 的影响约为 7.08 万亿元，超过 95% 的公司都在使用气象信息；NOAA 相关数据显示，天气预报每年为美国企业创造 920.75 亿元的价值（2020 年）。

澳大利亚气象服务效益比为 1:11.6。澳大利亚气象局 2022—2023 财年的评估结果显示，其通过提供专业服务帮助客户降低了约 29.23 亿元的损失，且这一数据呈逐年上升趋势。其中，为农业部门贡献了约 6.40 亿元的经济价值，为航空部门贡献约 8.92 亿元的经济价值，为资源部门贡献 3.88 亿～5.82 亿元的经济价值，为能源部门贡献 2.42 亿～4.85 亿元的经济价值（表 2.2）。

表 2.2 2020—2023 年澳大利亚部分行业气象服务经济效益① 单位：亿元

财年	农业部门	航空部门	资源部门	能源部门
2020—2021	2.91	4.85	3.88 ～ 5.82	2.42 ～ 4.85
2021—2022	5.28	7.95	3.88 ～ 5.82	2.42 ～ 4.85
2022—2023	6.40	8.92	3.88 ～ 5.82	2.42 ～ 4.85

在中国，国家统计局数据显示，2023 年气象信息为公众挽回损失达 5600 亿元。

二、全球气象科技

近年来，全球科技创新呈现新的发展态势，特别是美、日、德等发达国家更加注重人工智能、数字制造等新技术对传统技术的改造与融合发展。在此背景下，2023 年，人工智能、数字孪生等技术在气象领域的应用更加深入，地球科学领域的研究和气象科技创新也呈现新的发展特点。

① 资料来源：澳大利亚气象局年报（2022—2023 财年）。

（一）2023 年气象科技的主要特点

1. 大气科学研究热度持续增加

相关机构的研究成果[①]表明，2022 年地球科学领域排名前 10 的热点前沿中，有 6 个属于地质学相关研究，3 个属于地理学，1 个（基于多种地球系统模型的气候敏感性评估）属于大气科学。2023 年，排名前 10 的热点前沿中大气科学研究方向增至 3 个，与 2022 年相比，新增了基于卫星遥感数据的城市热岛效应研究、多种地球系统模型的配置优化与进展研究两个方向。此外，还新增了 1 个新兴前沿——汤加火山喷发全球影响研究，主要侧重于开展自然灾害的机理研究。研究还提出，2023 年地球科学领域热点前沿大多利用地球系统模型和对地观测技术等先进的技术方法与模型来促进新的科学发现。

另外，数据显示[②]，2023 年，地球科学领域研究前沿共发表核心论文 176 篇（表 2.3），地球科学领域研究前沿热度指数排名前 5 的国家分别为美国、英国、法国、德国和中国（表 2.4）。

2. 人工智能、数字孪生成为推动气象科学发展的关键技术

近年来，计算能力、模拟和信息系统技术的发展，以及观测数据可用性的提高，推动了将数字孪生概念应用于地球系统或其组成部分的研发，使之成为全球气象科技界重要的新技术。2023 年底，美国国家科学院发布《数字孪生的基础研究差距和未来方向》。2024 年初，美国英伟达公司发布了基于人工智能驱动的 Earth-2 气候数字孪生云平台。在 2024 年欧洲地球科

① 资料来源：《2023 研究前沿》报告，由中国科学院科技战略咨询研究院、中国科学院文献情报中心和科睿唯安联合发布。该报告以文献计量学中的总被引分析方法为基础，基于科睿唯安的 Essential Science Indicators（ESI，基本科学指标）数据库中的 12922 个研究前沿，遴选出了 2023 年自然科学和社会科学的 11 大学科领域排名最前的 110 个热点前沿和 18 个新兴前沿。

② 资料来源：《2023 研究前沿热度指数》报告，由中国科学院科技战略咨询研究院和科睿唯安联合发布。该报告评估了世界主要国家和地区在前沿领域的研究活跃度。

表 2.3　2023 年地球科学领域研究前沿发表论文情况①

热点前沿	核心论文数量 / 篇	被引频次
集成卫星激光测高数据的海洋及森林测绘	15	1439
小行星地表特征和样本成分分析	15	1969
CMIP6 模式高气候敏感度成因及影响研究	8	1509
气候变化对美国西部野火后森林恢复力的影响	8	1037
高亚洲冰川质量变化的水文响应	31	5327
南极洲和格陵兰岛冰量损失对海平面变化的影响	26	4140
基于卫星遥感数据的城市热岛效应研究	7	1152
全球海风和海浪测量与评估	6	749
多种地球系统模型的配置优化与进展研究	33	5382
利用重力勘测和气候试验及其后继任务研究陆地水储量变化	10	1876
新兴前沿	核心论文数量 / 篇	被引频次
汤加火山喷发全球影响研究	17	328

表 2.4　2023 年地球科学领域研究前沿热度指数排名前 5 的国家指标得分情况②

指标名称	得分（排名）				
	美国	英国	法国	德国	中国
研究前沿热度指数	23.79（1）	10.69（2）	8.62（3）	8.20（4）	7.21（5）
贡献度	12.21（1）	5.42（2）	4.42（4）	4.22（5）	4.48（3）
核心论文份额	7.60（1）	3.67（2）	3.21（3）	2.85（4）	1.63（8）
施引论文份额	4.61（1）	1.75（3）	1.21（5）	1.37（4）	2.85（2）
影响度	11.59（1）	5.27（2）	4.20（3）	3.98（4）	2.73（7）
核心论文被引频次份额	8.12（1）	3.69（2）	3.11（3）	2.80（4）	1.24（13）
施引论文被引频次份额	3.46（1）	1.58（2）	1.09（5）	1.17（4）	1.49（3）

注：研究前沿热度指数 = 贡献度 + 影响度；贡献度 = 核心论文份额 + 施引论文份额；影响度 = 核心论文被引频次份额 + 施引论文被引频次份额；核心论文份额 = 核心论文数 / 前沿核心论文总数；核心论文被引频次份额 = 核心论文被引频次 / 前沿核心论文被引频次。

① 资料来源：《2023 研究前沿》报告。
② 资料来源：《2023 研究前沿热度指数》报告。

学联盟（EGU）年会上，以数字孪生为主要内容的“数字地球科学”是重要的跨学科会议主题之一（其他跨学科主题包括气候和天气在跨学科背景下的影响，地球科学中的环境和社会，风险、复原力和适应力等）。值得关注的是，欧洲“目的地地球”（DestinE）倡议也于2024年6月发布了气候变化适应数字孪生系统和极端天气数字孪生系统，以帮助欧洲更有效地应对自然灾害、适应气候变化以及评估此类事件对社会经济和政策的潜在影响。另外，ECMWF还将创建一个数字孪生引擎，以支持接近欧洲超级计算机的计算和大数据分析。

2024年，人工智能成为第104届美国气象学会（AMS）年会上最热门的议题之一。年会相关会议报告显示，人工智能技术在处理高时空分辨率的观测大数据、优化日益复杂的模式物理参数化、改进模式后处理方案，提升高影响天气预报、热带天气气候预测，以及强天气短时临近预报的预报时效性上取得了巨大进展。精细化数值预报和人工智能应用的融合发展已成为提升预报水平的重要手段之一。会议关注的人工智能相关主题包括：一是纯人工智能和数据驱动的天气预报效果，尤其是数据驱动的短时临近外推预报、气象大模型及其对传统数值预报模式的冲击和评估；二是可解释的人工智能应用。如何深化人工智能技术的物理解读和指导，使人工智能应用于决策支持和提升社会效应，成为备受关注的议题（人工智能在气象领域应用的具体进展见第九章）。

3. 更加关注大气科学领域的新研究主题①

第104届美国气象学会年会以“生活在不断变化的环境中”为主题，在保留气象科学研究和业务服务等传统主题的同时，还在不同的分会场提

① 资料来源：《气象科技进展》2024年第1期。

出了一些颇具新意的主题，主要包括以下几个方面。

云物理可能成为未来10年的研究核心之一。云物理研究具有悠久的历史，但一直是相对小众的领域。随着AI技术全面介入地球系统模拟研究，年会新增了云物理系列专题研讨会，其关注的内容主要包括基于粒子的概率方法（Probabilistic Particle-Based Method）、冬季风暴云属性、卷云和深对流云、向人工影响天气学习的气候干预、云微物理跨尺度参数化和中尺度云组织等。同时，德国马普气象研究所介绍了在云观测方面的进展，该研究所研制的云风筝在云中观测的空间分辨率达到0.13米，比飞机观测的约33米更加精细。

气象数据的新视角。目前，数值天气预报在1小时的预报周期窗口每天的数据量达到320 TB，预计在未来几年每天的数据量将超过PB量级。庞大的数据量带来了一个严重的问题，即利用当前的数据访问机制有效分发数据将变得越来越困难。在第40届环境信息处理技术会议上，出现了“民主化数据”（Democratizing Data）的讨论主题。与会人员从联合知识网络、开放数值天气预报数据的教训、开放数据使用环境、气象数据基于云的整合实现其价值等方面，全面探讨了以“7V”（数量、速度、多样性、可变性、准确性、可视化和价值）为标签的气象大数据如何实现“数据公平”的问题。与会学者还给出NOAA数据开放的数量，2023年已经超40 PB，2024年将增加到50 PB（图2.1）。如何有效地管理这些数据并发挥其最大价值，是数字化经济普遍落地的情况下摆在各国气象部门面前新的关键挑战。

美国国家科学基金会（NSF）重新诠释了其主导的基础研究与应用基础研究的边界，并认为应该更加注重和支持能够快速得到结果并能对社会和经济产生影响的研究，而这类研究与业界、地方和公共机构的合作尤其重要。

ECMWF提出了新的特征提取概念。通过利用高维计算几何领域的工具，

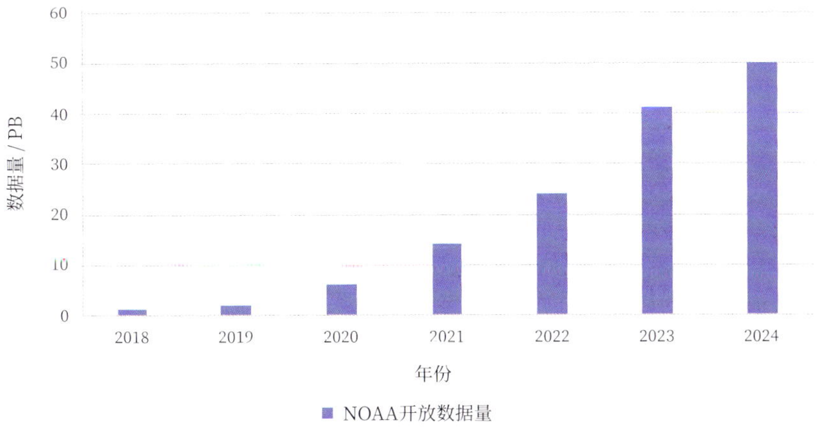

图 2.1　2018—2024 年 NOAA 开放数据量变化情况

从 ECMWF 的高维（6D/7D）天气预报数据立方体中高效地切割出各种复杂的 n 维形状多面体用于特征提取，在将数据交付用户前实现多个量级的数据缩减。这样处理的重要意义在于，通过与新功能相结合，实现从打包的千兆字节大小的预测字段中检索所需的字节，将满足用户请求所需的输入输出设施减少到最低限度。目前，该项功能已经在 ECMWF 的综合预报系统（IFS）模式输出端得以实现。

（二）2023 年气象科技发展国际对比

1. 地球系统模式

1995 年，在世界气候研究计划（WCRP）主导下，第一次国际耦合模式比对项目（CMIP）启动，以推动模式发展、增进对地球气候系统的科学理解。迄今为止，已先后组织了 7 次模式比较计划，有力支撑了联合国政府间气候变化专门委员会（IPCC）评估报告的撰写。表 2.5 列举了参与 CMIP6 碳循环模拟比较计划（C4MIP）的地球系统模式中使用的陆地和海洋碳循环模块的属性。

表 2.5　CMIP6 地球系统模式中陆地和海洋碳循环模块的属性[①]

模式团队	CSIRO	BCC	CCCma	CESM	CNRM	GFDL	IPSL	JAMSTEC	MPI	NorESM2LM	UK
ESM	ACCESS-ESM1.5	BCC-CSM2-MR	CanESM5	CESM2	CNRM-ESM2-1	GFDL-ESM4	IPSL-CM6A-LR	MIRO-CES2L	MPI-ESM1.2-LR	Nor-ESM2-LM	UKESM1-0-LL
陆地碳循环/生物地球化学模块											
模式名称	CABLE 2.4CA-SA-CNP	BCC-AVIM2	CLASS-CTEM	CLM5	ISBA-CTRIP	LM4p1	ORCHI-DEE(2)	MAT-SIRO (phys) VISIT-e (BGC)	JSBA-CH3.2	CLM5	JULES-ES-1.0
Veg C pools	3	3	3	22	6	6	8	3	3	3	3
Dead C pools	6	8	2	7	7	4	3	6	18	7	4
PFTS	13	16	9	22	16	6	15	13	12	21	13
Fire	否	否	否	是	是	是	否	否	是	是	否
Dynamic Veg	否	否	否	否	否	是	否	否	是	否	是
Permafrost C	否	否	否	是	否	否	否	否	否	是	否
Nitrogen cycle	是	否	否	是	否	否	否	是	是	是	是
海洋碳循环/生物地球化学模块											
模式名称	WOMBAT	MOM4_L40	CMOC (biol)	MARBL	PISCE-Sv2-gas	COB-ALTv2	PISCES-v2	OECO2	HAM-OCC6	HAM-OCC5.1	MED-USA-2.1
Phytoplankton	1	0	1	3	2	3	2	2	2	1	2
Zooplankton	1	0	1	1	2	3	2	1	1	1	2
Limiting nutrients	P, Fe	P	N	N, P, Si, Fe	N, P, Si, Fe	N, P, Si, Fe	N, P, Si, Fe	N, P, Fe	N, P, Si, FE	N, P, Si, Fe	N, Si, Fe

2. 气象科技论文与影响力

2023 年，主要国家大气科学领域期刊影响力评价结果显示（表 2.6），中国大气科学领域期刊论文共有 7448 篇，高于美国（4167 篇）、德国（1493 篇）、英国（1333 篇），但期刊影响力与领先国家仍存在一定差距；中国

① 资料来源：IPCC 第六次评估报告，https://www.ipcc.ch/report/ar6/wg1/downloads/report/IPCC_AR6_WGI_Chapter05.pdf。

② 2023 全球学者学术影响力排名（终身学术影响力榜）是北京同舟云网络信息技术有限公司依托其研发的全球学者库（北京同舟云学术）亿级海量文献数据，以及强大的 AI 信息处理与数据挖掘技术，按照公司独创的先进科技论文质量评估计分排名规则与方法，对全球学者近代所发表的全部文献（重要期刊进行了回溯处理，如《科学》杂志（Science）回溯至 1900 年）进行集中处理和计算后得出的，共收录了 10 万名全球不同领域学者的情况。

表 2.6　2023 年主要国家大气科学领域期刊影响力评价①

国家	论文总数 / 篇	平均引用频次	H 指数
中国	7448	0.81	287
美国	4167	0.96	568
德国	1493	1.05	334
英国	1333	1.24	366
印度	1237	0.78	169
法国	857	1.11	292
加拿大	727	0.97	279
日本	723	0.82	240
澳大利亚	638	1.06	248
韩国	483	0.82	154

大气科学领域期刊 H 指数为 287，平均引用频次为 0.81，低于美国、德国、英国、法国等国家。

2023 年全球学者学术影响力排名（终身学术影响力榜）②数据显示（表 2.7），全球大气科学领域共有 747 人进入榜单，其中，入榜学者数量排名前 3 的国家分别为美国（445 人）、英国（63 人）、中国（55 人）。

表 2.7　2023 年全球影响力榜单中部分国家大气科学领域学者人数②　　单位：人

国家	美国	英国	中国	德国	澳大利亚	法国	加拿大	日本	韩国
影响力榜单中学者人数	445	63	55	35	25	19	14	11	8

① 资料来源：SCImagoJournalRank（SJR，https://www.scimagojr.com/countryrank.php）。SJR 是国际上对 Scopus 数据库收录期刊进行影响力评估的权威平台。与传统评价方式不同，SJR 使用 PageRank 算法，SJR 指数排除了文章自引情况，并且衡量了期刊的声望，计算时给予来自高声望期刊的引用更高的权重。数据截止日期为 2024 年 4 月 22 日。

② 资料来源：同舟云学术，http://www.globalauthorid.com。本榜单排名方法是以 Metrics 期刊评分、论文被引频次、论文类型、作者贡献度等指标为评分基础，对每一位学者的每一篇论文进行评分，并将学者的全部论文得分累加得到总积分，按照总积分从高到低排列出全球前 10 万名学者。榜单内容仅作为第三方评价数据的参考，不宜作为学科人才评价的唯一依据。

2004—2023 年，共有 62 个国家和地区在 *Nature* 和 *Science* 上发表了大气科学领域论文。发文量排前 10 的国家如表 2.8 所示，其中美国发文量排名第 1（393 篇），英国第 2（143 篇），德国第 3（126 篇），法国第 4（64 篇），中国第 5（64 篇）。美国第一作者或通讯作者论文占比最高（72.52%）。瑞士论文篇均被引频次最高（430.29），其次为芬兰（421.33）。中国近 3 年发文量占比最高（31.25%）。

表 2.8　2004—2023 年部分国家发表在 *Nature* 和 *Science* 的大气科学领域论文统计①

国家	发文量 / 篇	篇均被引频次	近 3 年发文量占比	第一作者或通讯作者论文占比
美国	393	323.47	14.76%	72.52%
英国	143	323.28	19.58%	50.35%
德国	126	343.60	15.08%	38.10%
法国	64	292.97	18.75%	28.13%
中国	64	210.34	31.25%	45.31%
澳大利亚	63	359.17	22.22%	30.16%
瑞士	62	430.29	16.13%	56.45%
加拿大	43	409.93	11.63%	25.58%
芬兰	33	421.33	12.12%	39.39%
日本	33	416.85	18.18%	24.24%

3. 气象科技研发投入

由于体制机制原因，各国承担气象科技研发的机构分布也有诸多不同，因此气象科技研发投入等指标难以形成一致的统计口径。但对不同国家气象部门科技研发投入的纵向和横向分析，还是可以在一定程度上反映其变化和发展态势。如表 2.9 所示，美国国家天气局 2015—2023 年研发经费年平均支出为 10.84 亿元；2023 年科技一体化经费预计支出约 12.67 亿元，占当年总预算的 13.12%。英国气象局 2017—2023 年研发经费年平均支出 5.27

① 资料来源：中国气象事业发展咨询委员会研究项目（2023 年度）“提升我国气象科技核心能力的国际比较研究”。

表 2.9 部分国家气象部门科技研发投入（2015—2023 年） 单位：亿元

国家	项目	2015 年	2016 年	2017 年	2018 年	2019 年	2020 年	2021 年	2022 年	2023 年	平均
美国*	科技一体化	9.51	9.85	9.91	10.26	11.44	11.56	9.98	12.38	12.67	10.84
英国	研发支出	—	—	4.87	5.24	5.34	5.36	5.43	5.22	5.43	5.27

注：* 美国的数据 2015—2022 年为实际值（Actual），2023 年为执行值（Enacted）。

亿元；2023 年研发项目支出约 5.43 亿元，占当年总运营成本的 23.36%，较 2022 年有所提高。

4. 气象科技发展规划

全球主要国际组织和部分国家气象部门高度重视气象科技发展前瞻性布局，主要通过制定和实施总体规划、科技专项规划与科技前沿领域专项规划等方式，统筹谋划气象科技发展战略要点和前沿领域重点研发任务。

（1）气象发展总体规划的科技相关内容

WMO 通过制定战略长期目标推动有针对性的研究。《WMO 2024—2027 年战略计划》制定了 5 个长期目标，其中长期目标三提出，要通过科学技术的领导地位来增进人们对地球系统的了解从而强化服务；要强化科学转化为服务的价值链，确保科技进步，提升所有时空尺度地球系统预测能力；要强化科学基础以加快气候行动的发展，为相关环境公约和联盟提供知识库，促进和推动与政策相关的科学。

ECMWF 将科学与技术作为战略计划的三大支柱之一，强调地球系统科学的领先地位以及尖端技术和计算机科学对数值天气预报的影响，并通过五项战略行动实现科学技术方面的战略目标，包括强化科学技术在地球系统数据同化方面的领导地位；改进新的和现有观测数据的使用；改进无缝隙地球系统模型；在数值天气预报中运用高性能计算机和计算科学；利用人工智能和机器学习等。

《NOAA 2022—2026 战略规划：建设气候就绪国家》明确提出了美国

气象发展的战略目标——建设一个适应气候变化的国家。所涉及科技相关内容主要包括：通过减小次季节预报时间尺度和加强更长时间尺度的气候研究，推进其天气、水和气候预测；加强与适应和减缓气候变化相关的模式研发与监测，建立一个综合的气候和海洋模式系统，加强生态预报；开展地球科学和社会科学的跨学科综合研究，构建全球领先的下一代地球系统模式；利用新的、先进的技术，来维持和改进其观测和数据传播系统基础设施。2023年，根据战略规划，美国气象部门在以上领域均取得不同程度的进展（在本书相关章节中已有介绍）。

《德国气象局 2020—2030 年十年发展战略》明确了德国气象未来发展方向，其中科技相关内容包括：进一步发展预报模型和程序，以便在最初 48 小时内尽可能消除预报误差；实现无缝隙预测，推进科学技术进步。

《澳大利亚气象局研发规划（2020—2030 年）》中明确提出了近 10 年的研发目标和关键业务指标等。

（2）气象科技发展专项规划

气象科技发展专项规划是落实气象发展总体规划中气象科技任务的重要举措。部分国家结合年度经费预算情况，制定了气象科技发展相关专项规划。

NOAA 通过制定发布《NOAA 统一预报系统（UFS）战略计划（2021—2025 年）》明确 UFS 综合科学目标、预报技巧发展目标，并专门制定《NOAA 建模战略计划（2024—2033 年）》来推进尖端研究、开发和业务实施工作，制定的发展目标包括统一 NOAA 建模方法，整合建模与观测，优化建模治理流程，推进 NOAA 软件的现代化并有效采购高性能计算（HPC），优化服务提供方式、创新服务提供技术等。

美国国家环境预测中心（NCEP）制定《NECP 环境建模中心（EMC）资料同化战略和发展计划》，强调资料同化对于改进天气预报水平的重要性，并提出改进观测数据的使用、新的和即将进行的观测、连续资料同化、耦合资料同化、与人工智能 / 机器学习相结合、再分析资料等将成为资料同化面临的重点挑战。

日本气象厅制定《面向 2030 年的数值天气预报战略计划》，提出将暴雨灾害预报、台风灾害预防、对社会经济活动的贡献以及适应全球变暖等作为 2030 年的优先目标。

（3）前沿领域专项发展规划

NOAA 针对关键科技领域的发展，专门出台《人工智能战略（2021—2025 年）》《无人机系统战略（2021—2025 年）》以及云计算和组学战略等，以便在前沿技术发展方面占得先机。《无人机系统战略（2021—2025 年）》计划通过增加无人机和海洋系统在 NOAA 各任务领域的业务使用，极大地扩展关键、高精度和高时效性数据的收集和利用，具体包括加强关键支持功能，在 NOAA 的任务领域中扩展无人机系统的业务，持续研究并加速研究成果向业务的转化，扩大合作伙伴关系，提高工作人员使用无人机系统的熟练程度等。

ECMWF 一直特别关注人工智能在预报中的应用并在《ECMWF 机器学习：未来十年路线图》中提出，到 2031 年，机器学习将完全集成到数值天气预报（NWP）和气候服务中。2023 年，ECMWF 提出了一个新的机器学习项目（2023—2027 年），来推动传统数值天气预报和机器学习的融合，目标是到 2027 年开发一个气象大模型。

另外，为推动《ECMWF 战略（2021—2030 年）》科学技术支柱的建立，ECMWF 专门出台软件战略和路线图（2023—2027 年），提出高效利用现有开发资源，鼓励软件重复使用，促进软件组件化和集成，进一步使用外部软件，采用开放形式开发软件，提高数据处理的可扩展性；提高数据中心内外部系统之间的互操作性等发展目标。

三、全球气象治理

2023 年，全球主要国际组织和部分国家在气象治理方面取得了一些积极进展。以下主要介绍联合国及 WMO 等国际组织开展的气象治理行动，以及美国、英国、加拿大、澳大利亚和日本等国家气象发展的基础保障情况。

（一）2023 年主要国际组织的气象治理行动

1. 联合国

2023 年，极端天气气候事件频发，联合国积极推动《联合国气候变化框架公约》第 28 次缔约方大会（COP28）召开并取得一系列成果，来自近 200 个国家和地区的谈判代表首次承认摆脱化石燃料的必要性。COP28 达成的“阿联酋共识”呼吁各缔约方从化石燃料转型，实现净零排放；鼓励各缔约方提交国家自主贡献，包括到 2030 年将可再生能源增加两倍、能源效率提高一倍等新具体目标；并完成首次历史性的全球盘点，实施损失和损害基金，建设全球适应目标框架。2023 年成为能源转型与减少化石燃料使用的关键年份。在每一届气候大会上，减少化石燃料的使用都是各方争论的焦点。2022 年埃及沙姆沙伊赫气候大会仅仅达成了“逐步减少煤炭使用，逐步取消化石燃料补贴”的意向，但在 2023 年迪拜气候大会上确定了“转型脱离化石燃料”的路线图，为人类社会逐渐减少石油、煤炭等化石燃料使用发出了明确信号。

2023 年 9 月 18—19 日，联合国可持续发展目标峰会召开，标志着加速实现可持续发展目标新阶段的开始。同年 9 月 20 日，联合国气候雄心峰会召开，以加快政府、企业、金融机构、地方主管部门和民间社会的相关行动。联合国各成员国还通过了一项具有前瞻性的草拟政治宣言，重申对《2030 年可持续发展议程》中“不让任何一个人掉队”的核心变革目标的承诺。

此外，联合国还发布《减少灾害风险全球评估报告》《2023 年相互关联的灾害风险报告》《臭氧层消耗科学评估报告》《气候变化中的流离失所儿童》等多个报告，为推动全球气象治理提供参考。根据 2024 年 6 月联合国发布的《2024 年可持续发展目标报告》，可持续发展目标中仅 17% 进展顺利，近一半的目标“进展甚微或一般”，超过三分之一的目标“停滞不前或出现倒退”。

2. WMO

2023 年，WMO 发布《2022 年全球气候状况》《2022 年亚洲气候状况》《2022 年非洲气候状况》《2022 年全球水资源状况》等多个科学报告，为各国科学研究和决策以及联合国气候变化大会谈判等提供支撑，推进各方积极参与应对气候变化和全球气候治理。

WMO 组织召开第 19 次世界气象大会，通过了《WMO 2024—2027 年战略计划》，将实施联合国全民早期预警倡议列为该战略计划的首要任务，并讨论通过了观测、预报、服务、能力建设等一揽子决议。在基础观测方面，大会通过的决议指出，全球基本观测网数据对全民早期预警倡议至关重要，要求通过观测系统融资机制向最不发达国家和小岛屿发展中国家提供观测设施建设支持。在信息系统建设方面，大会审议通过了《WMO 信息系统（WIS）手册》，确立了 WIS 2.0 的技术规范。

WMO 多次发布“最暖年”警告，为全球气候治理提供支撑。2023 年 1 月，根据 6 个主要国际温度数据集的数据，WMO 宣布 2015—2022 年为全球有记录以来最暖的 8 年；11 月，WMO 发布的《2023 年全球气候状况临时报告》称，2023 年将是有记录以来人类历史最热的一年；12 月，WMO 发布的《十年期气候状况报告》称，2011—2020 年是有记录以来最温暖的 10 年。

WMO 全力推进全民早期预警倡议落实。4 月，与中国气象局联合主办“一带一路”全民早期预警高层论坛暨第 50 期多国别考察活动，签署《WMO、中华人民共和国生态环境部和中国气象局支持联合国全民早期预警倡议合作协议》。12 月，WMO 与联合国减少灾害风险办公室（UNDRR）共同发布《2023 年全球多灾种早期预警系统现状》报告，提出全球仍有一半的国家没有足够的多灾种早期预警系统。

WMO 推动全球观测等相关国际项目稳步实施。在气象观测基础建设方面，2023 年，WMO 地球观测系统和监测网络常设委员会（SC-ON）修订了《WMO 全球综合观测系统手册》《WMO 全球综合观测系统指南》，增加空间气象观测，并补充了全球基本观测网（GBON）、区域基本观测网（RBON）和全球气候观测系统（GCOS）的工具改进、扩展以及合规性监测等内容；测量、仪器和可追溯性常设委员会（SC-MINT）更新了《气象仪器和观测方法指南》中降水、辐射、永久冻土和风廓线雷达观测等方面内容，以及《业务天气雷达最佳做法指南》中天气雷达选址、校准、维护和数据处理等方面的内容。全球冰冻圈观测咨询小组（AG-GCW）制定了《海冰监测和预报指导（试行）》，并持续支持第三极区域气候中心网络建设。

3. IPCC

2023 年 3 月，联合国政府间气候变化专门委员会（IPCC）在瑞士因特拉肯举行第 58 次全会，并发布《第六次评估报告综合报告：气候变化 2023》（以下简称《综合报告》）。《综合报告》在 IPCC 第六次评估周期三个工作组报告和三份特别评估报告的基础上编写而成，总结了关于气候变化的事实、影响与风险以及减缓和适应气候变化的主要评估结论。《综合报告》基于气候系统的多个圈层变量的综合评估明确指出：毋庸置疑，人类活动主要通过排放温室气体的方式导致了全球变暖；2011—2020 年全球地表温度比 1850—1900 年升高了 1.1 ℃，大气、海洋、冰冻圈和生物圈发生了广泛而迅速的变化；人为造成的气候变化已经影响到全球每个地区，产生了许多极端天气和气候事件，对自然和人类造成了广泛的不利影响，带来了一定的损失和损害。《综合报告》显示，温室气体排放持续增长会导致全球变暖加剧，近期全球升温或将达到 1.5 ℃。而如果温室气体排放能够深度、快速和持续地减少，全球变暖将在大约 20 年内明显放缓，并在数年内带来大气成分的明显变化。目前，已实施政策的预计排放量与国家自主贡献的预计排放量之间仍存在差距，资金流也未达到在所有部门和地区实现气候目标所需的水平。

2023 年 7 月，IPCC 第 59 次全会在肯尼亚首都内罗毕召开，来自全球 161 个 IPCC 成员国家代表团参会。IPCC 选举产生了新一轮评估周期主席团和温室气体清单特设工作组（TFI）主席团。这也标志着 IPCC 第六个评估周期的结束和第七个评估周期的开始。10 月，IPCC 呼吁其成员政府和观察员组织提名专家起草关于气候变化和城市的特别报告大纲。

此外，2023 年 6 月，IPCC 参加了在波恩召开的《联合国气候变化框架公约》（UNFCCC）附属机构会议第 58 次会议；11 月底，IPCC 参与了《联合国气候变化框架公约》第 28 次缔约方大会（COP28）。

2024 年 1 月，政府间气候变化专门委员会（IPCC）第 60 次全会在土耳其伊斯坦布尔召开，会议的核心任务是审议通过 IPCC 第七次评估周期产品的 3 种备选方案，分别为：方案 1——短周期方案，包含一份特别报告（气候变化与城市）、一份方法学报告（短寿命气候驱动因子 SLCF）、三个工作组报告和一份综合报告；方案 2——传统方案，包含两份特别报告、两份方法学报告、三个工作组报告和一份综合报告，其中两份特别报告都将于 2027 年发布；方案 3——特别报告方案，不提供工作组评估报告，仅提供四份特别报告、两份方法学报告和一份综合报告。经过连续 5 天的讨论和会议审议，会议最终就 IPCC 第七次评估周期产品方案达成一致：全会决定在 IPCC 第七次评估周期继续编写三个工作组评估报告和综合报告，其中三个工作组报告的具体时间表由主席团制定并提交 IPCC 第 61 次全会审议确定，综合报告将于 2029 年底前发布；编写《气候变化与城市》特别报告，将于 2027 年上半年发布；编写《短寿命气候驱动因子（SLCF）》方法学报告，将于 2027 年前完成；召开负排放技术领域（CDR 技术、CCUS 技术等）的专家会议并编写一份相关主题的方法学报告，与 SLCF 方法学报告并行编写并于 2027 年前完成；此外，IPCC 在第七次评估周期还将修订和更新 IPCC 关于影响和适应的 1994 年技术指南，涉及适应的指标、量测标准和方法等，修订和更新的技术指南将作为一份单独产品与第二工作组报告同时审议并发布。

（二）2023 年部分国家气象保障概况

由于各国国情、行政制度及保障机制的不同，各国气象部门的具体职能和工作内容存在很大差别，很难按照统一的指标进行对比分析。如部分国家气象部门的职责包括天气、气候、水文、地震以及航空、海洋等相关工作，部分国家气象部门仅承担基本气象观测、气象预报和基本的气象灾害预警等职责，社会观测和商业气象服务等十分发达。因此，本部分关于气象部门人员和经费保障情况的国别对比主要是各国的变化和进展情况的客观呈现，仅供参考。

1. 人员情况

（1）人员数量[①]

数据显示，2015—2023 年，各国气象部门人员数量总体稳中有升（表 2.10）。

① 在人员数量的统计上主要采用两种方法：一种是全职员工数（FTE），即折合全时工作人员法，如实反映投入的人力数量，美国、加拿大、英国采用这一方法（为方便比较，将 1 个 FTE 视同 1 名人员）；另一种是实有人数法，即按人头统一核算人力资源，澳大利亚和日本采用该方法。

表 2.10　部分国家气象部门人员数量　　单位：人

国家	2015年	2016年	2017年	2018年	2019年	2020年	2021年	2022年	2023年
美国	4288	4251	4248	4386	4253	4255	4322	4319	4405
英国	2154	2045	1989	1879	2073	2127	2223	2264	2331
法国	3201	3124	—	—	2858	2755	2654	2586	2606
德国	2385	2323	2296	2248	2216	2187	2157	2133	2135
加拿大	1459	1429	1424	1627	1706	1700	1718	1722	1566
澳大利亚	1654	1664	1689	1671	1608	1593	1645	1691	1796
日本	5167	5169	5120	5078	5039	5007	4980	5030	5139
韩国	1461	1463	1498	1352	—	—	—	1478	1353

注：1. 美国（NWS）的人员数量 2015—2022 年为实际值（Actual），2023 年为执行值（Enacted）。
2. 加拿大（MSC）的人员数量 2015—2022 年为实际值（Actual），2023 年为计划值（Planned）。
3. 澳大利亚气象局年度报告统计时间截止到当年 6 月 30 日，在此将“2017—2018”财年记为“2018”年，并以此类推。
4. 日本 2019—2022 年数据根据日本气象厅 2023 年出版的宣传手册进行更正，2023 年数据来源于 2022 年度人数加上该年度预算提案增加的人数。

从每万平方千米气象部门工作人员数量来看，2023 年，日本、韩国单位国土面积气象工作人员最多，分别为 136 人、135 人；英国、德国、法国分别为 96 人、60 人、47 人；美国、澳大利亚、加拿大分别为 4 人、2 人、1 人。

从每百万人口中气象人员数量来看，全球部分国家平均每百万人口的气象人员数为 36 人。其中 40 人以上（含 40 人）的有澳大利亚、日本、加拿大，分别为 69 人、41 人、40 人；40 人以下的有法国、英国、韩国、德国和美国，分别为 38 人、35 人、26 人、25 人和 13 人（图 2.2）。

（2）人员经费支出

2015—2023 年，美国、英国、日本、澳大利亚等国家气象部门人员经费支出普遍呈上升趋势（表 2.11），年均人员经费总支出分别为：美国 33.64 亿元、英国 11.32 亿元、澳大利亚 9.21 亿元、日本 17.73 亿元。

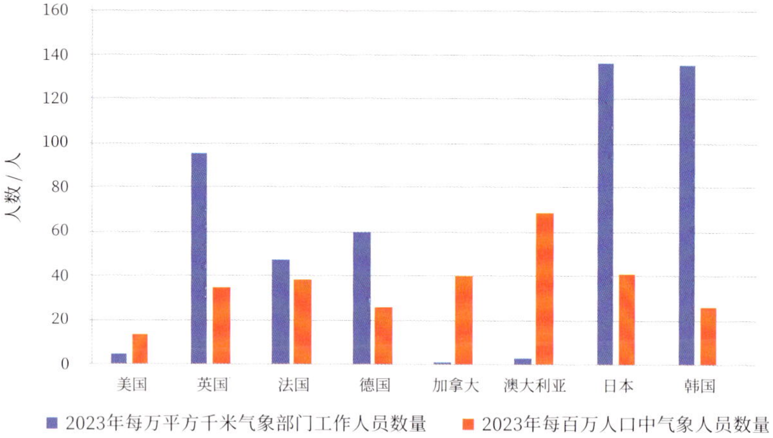

图 2.2 2023 年部分国家气象部门人员数量比较[①]

表 2.11 部分国家气象部门人员经费支出情况 单位：亿元

国家	指标	2015年	2016年	2017年	2018年	2019年	2020年	2021年	2022年	2023年
美国*	员工薪酬总额	31.13	30.92	33.73	32.95	33.56	34.18	33.03	35.65	37.63
	全职员工报酬	29.01	28.78	31.42	30.89	31.26	31.94	30.76	33.29	35.19
英国	员工费用总额	9.97	10.61	8.98	10.28	10.81	12.38	12.00	12.96	13.87
	薪金、绩效和津贴	7.35	7.58	6.34	7.15	7.35	8.20	7.99	8.82	9.54
	社会保障	0.58	0.77	0.75	0.76	0.76	0.85	0.87	0.99	1.06
	退休金	1.36	1.37	1.33	1.35	1.79	1.92	1.96	2.09	2.26
澳大利亚	总支出	8.82	9.26	9.14	8.62	9.05	8.62	9.44	9.76	10.21
	工资薪金	6.39	6.34	6.26	5.99	6.08	6.09	6.30	7.00	7.20
日本	人员费用	17.70	17.99	18.07	18.04	18.08	17.99	17.45	17.09	17.16

2023 年，上述国家气象工作人员人均经费支出分别为：美国 85.42 万元 / 人、英国 59.50 万元 / 人、澳大利亚 56.82 万元 / 人、日本 33.39 万元 / 人。

① 资料来源：各国人口和国土面积数据来源于世界银行数据库。

2. 经费情况

（1）美国

数据显示，美国国家天气局近 10 年预算支出总体呈增长趋势，2023 财年预算支出总数达 96.61 亿元，较 2013 财年增长 44.2%（图 2.3）。

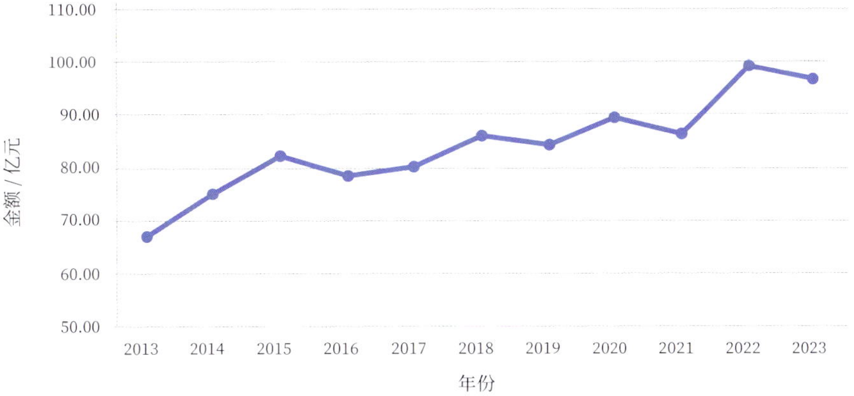

图 2.3　2013—2023 财年美国国家天气局预算支出情况[①]

（2）英国

近年来，英国气象局总收入稳定增长。数据显示，2022—2023 财年英国气象局总收入为 23.61 亿元，较 2011—2012 财年增长 33.1%（图 2.4），同年总运营成本为 22.52 亿元，政府拨款为 3.09 亿元。

① 资料来源：美国国家海洋大气管理局预算估计（2015—2024 财年）。2013—2022 财年数据为实际支出值（Actual），2023 财年数据为执行值（Enacted）。

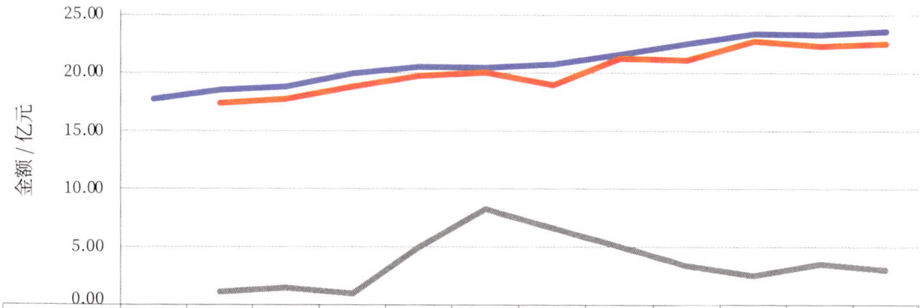

财年	2011—2012	2012—2013	2013—2014	2014—2015	2015—2016	2016—2017	2017—2018	2018—2019	2019—2020	2020—2021	2021—2022	2022—2023
总收入	17.74	18.53	18.82	19.96	20.57	20.51	20.79	21.62	22.54	23.39	23.37	23.61
总运营成本		17.41	17.80	18.87	19.77	20.06	18.96	21.30	21.16	22.77	22.32	22.52
政府拨款		1.11	1.49	1.02	4.99	8.25	6.64	5.03	3.45	2.58	3.57	3.09

图 2.4　2011—2023 财年英国气象局预算收支情况①

（3）日本

2023 年，日本气象厅基础设施与业务费用（预算概要中的物件费）为 10.06 亿元，人工费用为 17.16 亿元，两项经费较上年均有明显增长（图 2.5）。

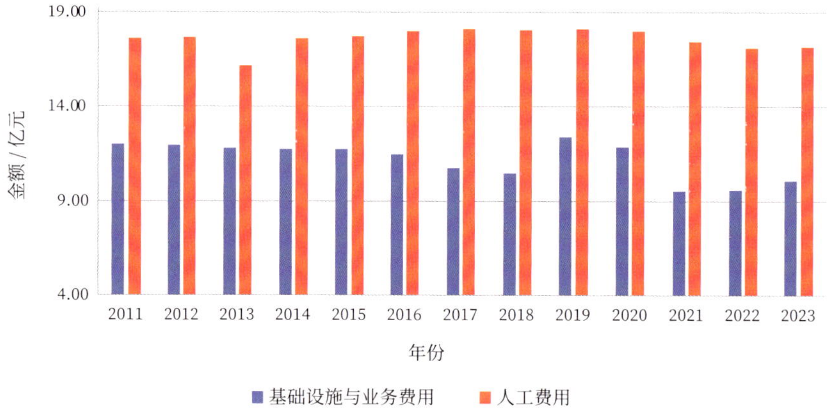

图 2.5　2011—2023 年日本气象厅预算支出情况②

① 资料来源：英国气象局年报（2011—2022 财年）。
② 资料来源：日本气象厅预算概要（2011—2023 年）。

（4）加拿大

数据显示，2018—2022 财年，加拿大气象局预测天气和环境条件预报相关预算持续增加，但从 2023 财年开始，由于临时资金逐渐减少，预算也有所减少（图 2.6）。另外，2023—2024 财年，加拿大气象局将完成耗资 9.68 亿元的天气雷达升级计划。

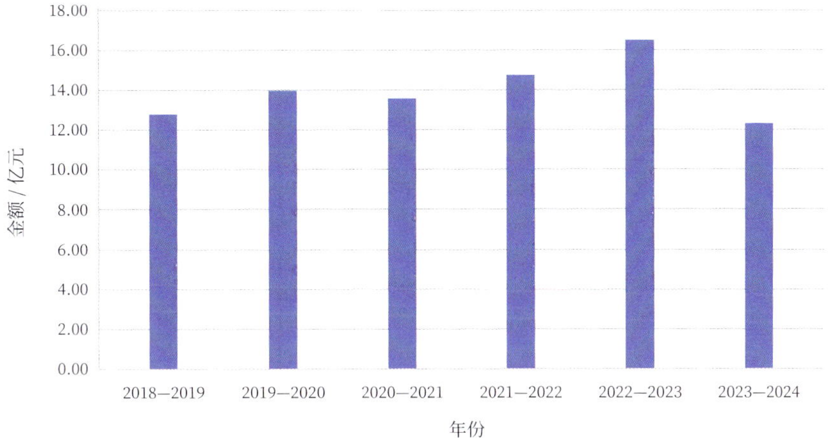

图 2.6　2018—2024 财年加拿大气象局预测天气和环境条件预报相关预算执行情况[①]

（5）澳大利亚

近年来，澳大利亚气象局总支出、自有收入、政府拨款总体呈增长态势（图 2.7）。2022—2023 财年，澳大利亚气象局总支出为 27.71 亿元，较 2021—2022 财年增长 19.3%；自有收入为 4.79 亿元，较 2009—2010 财年翻了一倍；政府拨款为 16.75 亿元，较 2009—2010 财年增长 37.5%。

① 资料来源：加拿大环境部部门计划（2020—2024 财年）。

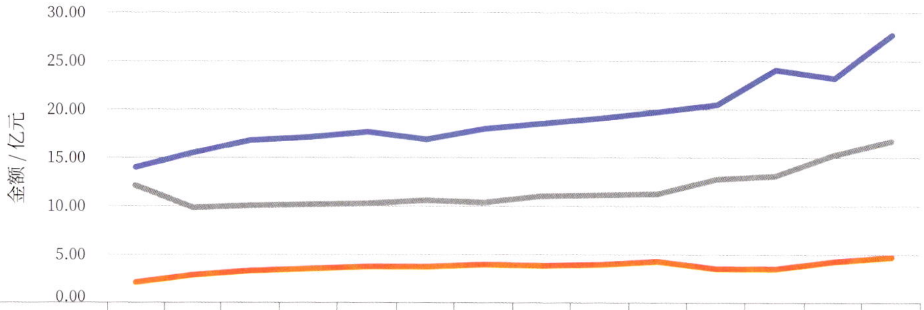

财年	2009—2010	2010—2011	2011—2012	2012—2013	2013—2014	2014—2015	2015—2016	2016—2017	2017—2018	2018—2019	2019—2020	2020—2021	2021—2022	2022—2023
总支出	14.01	15.49	16.78	17.11	17.66	16.90	18.06	18.51	19.09	19.73	20.52	24.09	23.23	27.71
自有收入	2.16	2.96	3.30	3.57	3.75	3.77	4.00	3.92	3.99	4.31	3.60	3.56	4.33	4.79
政府拨款	12.18	9.81	10.11	10.18	10.32	10.57	10.37	11.07	11.17	11.23	12.76	13.09	15.31	16.75

总支出　自有收入　政府拨款

图 2.7　2009—2023 财年澳大利亚气象局预算收支情况[①]

① 资料来源：澳大利亚气象局年报（2010—2023 财年）。

国际篇

第三章 《WMO 2024—2027年战略计划》概况*

WMO①是联合国下属的专门机构，主要通过制定战略规划计划、业务技术规范、标准和规程等来实现其管理和协调职能。WMO 在天气、气候、水文和水资源及相关环境领域发挥着领导作用，为全球公众的安全、福祉以及各国的经济社会发展做出了重大贡献。

一、WMO 战略计划简介

WMO 每 4 年修订一次战略计划，在每个财期开始的前一年由世界气象大会审定发布。1983 年 5 月召开的第 9 次世界气象大会审议通过了 WMO 第一个战略计划（1983—1992 年）。截至目前，WMO 已制定发布了 12 个战略计划。其中，20 世纪实施的前 5 个均为 10 年期的长期计划，且前后两期计划有 6 年的重叠期，以保证连续性。

进入 21 世纪后，2003 年 5 月第 14 次世界气象大会通过了第六个战略计划（2004—2011 年），为 8 年期，以适应 WMO 的 4 年财期和 2 年计划与预算期；从第七个战略计划（2012—2015 年）开始，以后的计划都调整

* 执笔人员：傅韵洁 肖芳 贾朋群

① 国际组织的基本业务和机构等情况的介绍参见《全球气象发展报告 2023》，本报告重点呈现国际组织 2023 年度的部分发展重点和主题。

为 4 年期，并取消了计划前后的重叠期。2015 年第 17 次世界气象大会审定发布了第十个战略计划（2016—2019 年）。2019 年第 18 次世界气象大会确定了 2020—2030 年的 10 年长期发展目标，并通过了 2020—2023 年战略计划。最新的战略计划于 2023 年由第 19 次世界气象大会审议通过，并确定了 2024—2027 年的重点工作。

二、《WMO 2020—2023 年战略计划》实施情况评估

在第 19 次世界气象大会上，WMO 提交了 2020—2023 年战略计划实施情况评估报告①，主要针对战略计划中的五个长期目标的实施情况开展定量评估和定性评估，这也是制定 2024—2027 年战略计划的重要基础。评估报告显示，2020—2023 年战略计划实施达到了令人满意的水平，并通过实施治理改革建立了新的组成机构和工作结构。

（一）长期目标一的实施进展

1. 多灾种预警系统

2020—2023 年战略计划将加强国家多灾种早期预警预报系统作为首要战略目标，并以发展基于影响和风险的预报预警产品为重点。

根据各会员提供的数据，截至 2022 年 8 月，有 48% 的会员提供基于影响的预报预警服务（完成情况见表 3.1）。虽然灾害性天气预报能力在持续提高，但在大多数最不发达国家和小岛屿发展中国家集中的一区协和五区协仍然进展有限。评估报告显示，全球范围内以通用警报协议（CAP）格式提供警报的会员数量从 66 个增加到了 116 个。除三区协、五区协和六区协基本保持不变之外，其他区协都呈现出积极发展的态势。

① 评估数据来源于 WMO 监测系统。

表 3.1 预警相关指标情况

指标序号	指标名称	2022 年底会员数量 / 个	变化情况 *
KPI 1.1.1a	通过区域平台公开发布的警报	72	0
KPI 1.1.1b	通过 WIS 公开发布的警报	109	下降 8%
KPI 1.1.2a	SWIC 2.0 以 CAP 标准发布的警报	116	增长 75.8%
KPI 1.1.3a	DRR 国家级平台个数	100	实时数据
KPI 1.1.3b	DRR 国家级平台的会员 NMHS 数量	97	实时数据
KPI 1.1.4	根据 WMO 定义分类高影响事件的数量（试验阶段）	19	0

注：* 此处的变化情况指 2022 年底数据与 2020 年底数据相比较的结果。

海洋服务方面，2022 年 WMO 发布《关于实施沿海洪水预报预警系统的指南》，以帮助沿海社区减小暴露度和脆弱性，建立抵御洪水的能力。该指南是 WMO 对全民早期预警倡议的贡献之一，也被确定为联合国促进可持续发展海洋 10 年的一项重要活动。

公共卫生方面，WMO 与世界卫生组织联合办公室推出了首个全球气候与健康知识平台（ClimaHealth.info），旨在提供可操作信息，以保护人们免受气候变化和其他环境危害带来的健康风险。

2. 气候信息和服务

全球气候服务框架（GFCS）为指导和支持气候价值链的各项活动提供了一个独特平台。其重点工作是通过加工和交换过去、现在和未来的气候信息，强化气候服务产品的可用性和可获取性。

WMO 在支持气象相关政策和决策方面发挥了重要作用。2023 年 4 月发布的《2022 年全球气候状况》报告强调，2019—2020 年大气二氧化碳浓度的增幅略低于 2018—2019 年，但高于过去 10 年的年均增长率。其中，受新冠肺炎疫情的影响，2020 年化石燃料的二氧化碳排放量减少约 5.6%。此外，2021 年全球平均气温比 1850—1900 年平均气温高出 1.11 ± 0.13 ℃。

全球平均海平面也在 2021 年创下新高，2013—2021 年年均上升 4.5 毫米。WMO 还编写了一系列年度区域报告作为补充，旨在为区域政策的相关决策提供气候信息并促进伙伴关系的发展。

WMO 发布的最新旗舰数据——1991—2020 年气候正常值（Climate Normals），不仅是天气和气候异常特征的参考值，还是各会员针对气候变化的立法基础。WMO 不仅协调全球的数据收集工作，还协助提升会员对气候正常值的计算能力。为加强气候数据管理系统（CDMS），建立了一个新的 OpenCDMS 网站。

WMO 为所有会员提供了一份“气候服务清单”，并围绕会员的气候信息服务情况，对气候服务价值链的 6 个组成部分（具体包括观测网络、数据和管理、监测网络、用户界面、规则和应用及监测和评估）进行了审查。通过分析会员反馈结果，WMO 提出了 4 个发展要求：加强实现气候服务价值链和经济社会效益的能力；加强研究，以提升基本预测并将研究成果运用于业务；推进系统业务化，以促进国家、区域和全球中心之间 GFCS 数据和产品的交换；监测和评估气候服务的应用结果和效益。此外，评估报告还对国家气候行动方案、农业部门的气候服务、气候服务工具包、联合科学报告、WMO 气候指标、区域气候展望论坛、区域气候中心和全球季节性气候更新等相关各项工作进行了具体说明。

3. 可持续水资源管理

水文服务方面，全球可提供洪水预报和预警服务的会员数量稳步增长。报告显示，有 41% 的会员提供河流洪水的预报预警服务，30% 的会员提供突发性洪水预报和预警业务。当前的目标正在逐步实现，预计 2030 年前所有会员将提供洪水预报预警服务。

WMO 全球水文状况和展望系统（HydroSOS）是一个全球业务系统，旨在定期报告当前全球包括地下水、河流、湖泊和土壤等各个水文系统的水文状况。数据显示，2022 年底，共有 79 个会员建立了 HydroSOS 系统（表 3.2）。WMO 目前正与 23 个会员（其中一区协 7 个、二区协 6 个、三区协 3 个、四区协 7 个）合作，努力在不同项目中启动 HydroSOS 系统建设。

表 3.2 水文预警服务相关指标情况

指标序号	指标名称	2022 年底会员数量 / 个	变化情况 *
KPI 1.3.1	已经建立 HydroSOS 系统	79	增长 58%
KPI 1.3.2a	河流洪水预报和预警服务	79	实时数据
KPI 1.3.2b	山洪预报和预警服务	58	实时数据
KPI 1.3.3a	运行的干旱预警系统	53	实时数据

注：* 此处的变化情况指 2022 年底数据与 2020 年底数据相比较的结果。

4. 其他服务

在城市服务方面，WMO 服务委员会成立了综合城市服务研究小组，以制定综合城市服务实施计划和出版指南性文件，尤其是针对高分辨率预报预警系统的发展。WMO 对城市服务进行了调研，共收集了 105 个会员的信息。其中，只有 15 个会员提供综合城市服务，且大部分来自二区协和六区协，而三区协、五区协的国家气象水文部门均未提供此类服务。

在气象服务效益评估方面，由于发展中国家对天气和气候预测所带来的经济社会效益重视不够，导致其对天气、气候和水文服务价值链的投资不到位。为应对这一挑战，WMO 成立了经济社会效益工作组，由来自联合国区域委员会、开发银行、国家气象水文部门和学术界的代表组成，主要目标之一是加强会员的预报能力。

在公私合作方面，数据显示，有 61 个会员（占全体会员数的 54%）表示他们具有公私合作的发展趋势；40% 的会员表示目前还没有公私合作的计划；只有 25% 的会员建立了多部门协商平台，来促进公共、私营、社会部门和学术界的交流。另外，WMO 还出版公私合作准则，发布两份白皮书，并组织了两次开放协商平台高级别会议和两次创新网络研讨会。

在航空气象服务方面，报告显示，大约 80% 的会员正在使用航空气象服务质量管理系统（表 3.3）。为提升航空气象服务能力，2022 年 9 月线上举办了 WMO 航空气象人员资格和能力要求会议，有来自 6 个区协的 160 多名人员参加；并建立 WMO 与国际民航组织定期召开协调会议（线上和线下）和“联合航空论坛”，以更新国际民航组织工作安排。另外，WMO 修订了《海洋气象服务手册和指南》，并提供海洋气象能力手册和工具包，完成海洋服务课程官方语言筹备等。

表 3.3　天气信息服务相关指标情况

指标序号	指标名称	2022 年底 会员数量 / 个	变化情况 *
KPI 1.4.1a	航空气象服务质量管理系统	130	实时数据
KPI 1.4.1b	海事服务质量管理体系（所有阶段）	34	增长 9.7%
KPI 1.4.1c	预警服务质量管理体系	72	增长 18%
KPI 1.4.2	过去十年进行的 SEB 分析	34	下降 2.9%
KPI 1.4.3a	建立 PPE 参与服务交付	57	增长 18.8%
KPI 1.4.3b	建立 PPE 参与网络运营	42	增长 10.5%
KPI 1.4.3c	建立 PPE 参与观测数据	46	增长 9.5%
KPI 1.4.3d	PPE 对话协商平台	48	增长 26.3%
KPI 1.4.4a	Web 应用程序的服务交付	71	实时数据
KPI 1.4.4b	通过社交媒体提供服务	67	实时数据

注：* 此处的变化情况指 2022 年底数据与 2020 年底数据相比较的结果。

（二）长期目标二的实施进展

1. WMO 全球综合观测系统（WIGOS）

评估报告显示，2020—2023 年，全球每日交换的地面观测数据呈增长态势，高空和飞机观测数据有所减少，全球浮标阵列（Global Drifter Array）在时间和空间的正确采样数量也有所下降（表 3.4）。全球浮标阵列的抽样水平由 2020 年的 40% 下降到 2022 年的 29%，距全球目标值 68% 相差更

表 3.4 全球观测相关指标情况

指标序号	指标名称	2022 年底数据量	变化情况 *
KPI 1.4.1a	全球地面观测数据的每日交换量	140 K	增长 20.9%
KPI 1.4.1b	全球高空观测数据的每日交换量	1321 K	下降 8.7%
KPI 1.4.1c	全球浮标阵列的抽样水平	29 %	下降 28.3%
KPI 1.4.2	全球飞机观测数据的每日交换量	393 K	下降 40.6%

注：* 此处的变化情况指 2022 年底数据与 2020 年底数据相比较的结果。

远；其中六区协的覆盖率最高，达到 100%，其次是四区协，为 61%。飞机观测（ABO）受新冠肺炎疫情影响较严重，2020 年飞机观测数据量下降了 80%。截至 2023 年 3 月，逐渐恢复到疫情前的 75% 左右。

2021 年世界气象大会特别届会批准成立了全球基本观测网（GBON）。另外，由于最不发达国家和小岛屿发展中国家以及一些中等收入国家难以达到 GBON 的要求，所以建立了系统观测融资机制（SOFF），来帮助其缩小观测技术和预报能力差距，并减轻部分预算压力。

2. WMO 信息系统（WIS）

2022 年，WIS 2.0 开始实施。已启动的“WIS 2.0 in a box”项目，旨在适应和利用会员的不同技术能力，并为所有会员提供在 WIGOS 下获得的所有观测数据，以及在全球数据处理和预报系统下生成的所有数据。

在地面观测方面，主要通过几个关键绩效指标来衡量数据的及时性、可访问性和互操作性。由于目前正在从全球信息系统中心（GISC）向 WIS 2.0 过渡，GISC 的相关评估指标自 2022 年起已经废止，因此评估报告中增加了 WIS 2.0 的相关指标。数据显示，截至 2021 年，GISC 目录中有 30% 的数据可以免费获取。拥有 WIGOS 台站标识符（WSI）的台站数量从 2020 年的 86 个增加到 2022 年的 1599 个，但和参与交换的台站总数相比仍然较少。另外，据调查，会员在使用 WSI 处理数据方面仍然存在严重的问题，需要重新设计用于观测处理的大部分软件。

在水文观测数据方面，WMO 水文观测系统（WHOS）是一个多尺度（地方、国家、区域和全球）水文数据和信息服务登记册，采用开放地理空间联盟和 WMO 标准与程序进行编目，来促进水文数据的获取和共享。WHOS 通过将接收到的数据全部转换为 WaterML2.0 格式来确保数据的通用性。截至 2023 年 1 月，共有 22 个会员通过 WHOS 交换水文数据。

在信息系统管理方面，WMO 完成并批准了新的信息管理指南，制定了关于国际交换资料的监管指南和指导材料，进一步强化了监督机制。

3. 数值分析和预报产品

2022 年，WMO 基础设施委员会批准了到 2026 年的无缝隙全球资料处理和预报系统（GDPFS）路线图，并将其命名为 WMO 综合处理和预测系统（WIPPS）。

2022 年，WMO 推出了一个新的包含每个区域气象中心主要产品信息的 GDPFS 门户网站，并发布集合预报后处理指南，以帮助会员利用现有集合预报系统中的信息对某些落后区域的预报进行优化。

（三）长期目标三的实施进展

1. 强化地球系统科学

世界气候研究计划（WCRP）在 2020—2023 年实施了重点结构改革。目前，除四个核心项目（冰冻圈、海洋、水资源和能源及大气循环）之外，还启动了两个新项目：一个是关于地球系统模式研发和观测的核心项目，包括与模式研发和数据有关的所有工作组和活动（包括耦合模式比对项目）；另一个是区域社会信息核心项目，包括协调区域气候降尺度试验等。

此外，还开展了 5 个“灯塔项目”，分别是全面应对气候变化、我的气候风险、解释和预测地球系统变化、数字地球和 WCRP 学会。

2. 推动科技进步提升预报能力

次季节到季节预测项目（S2S）数据库是评估最先进模型现有能力、监测 S2S 预测能力进展与差距的重要工具。目前，数据库包含了来自 11 个业务中心的 S2S 预报，其中 5 个模式在过去两年中已经升级（即欧洲中期天气预报中心、法国气象局、韩国气象厅、日本气象厅和英国海洋气象组织），有 4 个中心提供 S2S 海洋变量。评估显示，数据库下载量较 2019 年前上升 31%。

在高性能计算和人工智能发展方面，2020 年，超算、数据处理和人工智能工作任务组成立。其主要任务包括重新设计天气、气候、水文和大气成分数值预报系统；探索建立并采用新方法来处理预报系统的大量数据；用人工智能代替耗时的模式；处理模式产生的大量数据，包括访问和交换的过程；探索发展中国家在人工智能方面的机遇和挑战；研究人工智能在政府和商业观测、再分析和预报业务中的机遇。

极地预测项目（PPP）是世界天气研究计划（WWRP）中为期 10 年（2013—2022 年）的一个项目，旨在通过国际合作研究推动极地地区天气和环境预测的发展。2020 年，WMO 公私伙伴关系办公室与俄罗斯相关机构合作在北冰洋部署了浮标。2021 年 3 月，极地和高山观测、研究和服务专家小组围绕极地预测项目基础设施和运营方面的成果进行了研讨交流。

3. 其他方面

全球温室气体综合信息系统是一个基于观测的信息系统，用于确定大气中温室气体的趋势和分布。作为评估指标之一，WMO 跟踪了拥有温室气体观测数据的会员。报告显示，只有 43 个会员符合至少有一个台站进行观测并向世界温室气体数据中心提交数据的标准。

作为监测大气化学成分和物理特性工作的一部分，全球大气监视网（GAW）定期发布专题公报，以推进对气候和环境科学相关的政策和服务。

2020—2022 年，共发布 3 份年度温室气体公报。公报显示，大气中温室气体的浓度在 2022 年达到新高。

WMO 还发布了 2021—2025 年和 2022—2026 年全球年际至年代际气候最新通报。报告中的数据由 13 个会员的 19 个中心提供，并由 WMO 年际—年代际（Annual-to-Decadal）气候预测中心协调。由于是多个气候预测中心结果的集成，所以其产品比其他任何单一数据的产品质量更高。该产品也被应用于农业、渔业、能源、交通等多个部门。另外，为了监测具体进展，WMO 从 2021 年开始跟踪预测产品下载量的变化。数据显示，预测产品数量从 2021 年的 7384 个上升到了 2022 年的 7880 个，增长了 7%（表 3.5）。

表 3.5 温室气体和气候预测相关指标情况

指标序号	指标名称	2022 年底产品数量 / 个	变化情况 *
KPI 3.3.1	拥有国家温室气体观测数据的会员	43	增长 5%
KPI 3.3.2a	为 WMO 年际—年代际气候预测中心做出贡献的会员	13	增长 30%
KPI 3.3.2b	为 WMO 年际—年代际气候预测中心做出贡献的其他中心	19	增长 19%
KPI 3.3.3	从 WMO 年际—年代际气候预测中心下载的预测产品	7880	增长 7%

注：* 此处的变化情况指 2022 年底数据与 2020 年底数据相比较的结果。

（四）长期目标四的实施进展

1. 对发展中国家需求的了解

为更好地了解每个发展中国家在技术、人力资源等方面的具体需求，使其能够提供适当的天气、气候、水文和相关环境服务，WMO 开发了一个国家水文气象诊断工具。该工具旨在为政策和投资决策提供信息，特别是指导水文发展联盟会员的投资工作。2021 年，该工具已在 9 个国家进行了测试。

评估报告显示，截至 2022 年底，有 79 个会员的气象水文部门制定了业务相关的战略计划，92 个会员制定了气象相关法律。

2. 人才培养

据统计，2016—2019 年，因为差旅费用高且名额有限，参加面授培训的人员年均不超过 243 人。而新冠肺炎疫情期间，在线参加培训人员的数量增加了 1 ~ 2 倍，且大约一半的培训人员参加了由教育培训办公室（ETR）和相关技术部门提供的短期课程。其他人参加了区域培训中心的能力发展活动，如在中国、伊朗、以色列、卡塔尔、俄罗斯和新加坡，以及土耳其图尔基耶、中国香港等地区举办的活动。

3. 伙伴关系

2022 年，在 131 个发展中国家会员中有 124 个（95%）受益于 WMO 的发展项目，如 WMO 咨询服务、通过 WMO 自愿合作方案提供的紧急援助以及 WMO 项目等。

水文发展联盟成立是 2020—2022 年的一件重要大事。其明确提出了早期集体行动的优先事项：一是部署通用工具——国家水文诊断系统，来衡量和评估各国水文能力差距；二是建立 SOFF 机制，资助发展中国家的地面天气和气候观测；三是定期编制水文气象差距报告（Hydromet Gap Report）。

（五）长期目标五的实施进展

1. 机构改革

2020—2023 年是 WMO 治理结构全面改革后的第一个四年。WMO 把原来的 8 个技术委员会整合为两个，即基础设施委员会（INFCOM）和服务委员会（SERCOM），分别负责地球系统观测、基础设施和信息系统，以及天气、气候、水及相关的环境服务和应用。与改革之前相比，新结构更强调协调、协同和信息交流的重要性。同时，新机构及其组成的设计也旨在确保连续性。

从参与度上看，加入这两个技术委员会的会员数占 WMO 会员总数的 63%。第二、第三和第六区协的大多数会员都加入了新的技术委员会，但第四区协只有 45% 的会员加入，第一和第五区协只有约一半的会员加入。鉴于大多数最不发达国家和小岛屿发展中国家的参与度不高，所以欠发达国家和地区的代表性仍然不足。

2022 年，对 WMO 治理改革进行了外部评估。评估结论显示，WMO 改革总体上是积极的，基本成功地实现了目标，没有发现重大问题或根本限制，但在进一步优化各机构工作和改善协调方面还有改进的余地。评估发现，治理改革使 WMO 能够更好地通过引入整体方法来应对外部环境的需求，能更好地确保与战略计划的一致，且更适宜处理跨领域的问题。技术委员会数量的减少被认为可以使 WMO 能以更精简高效的方式完成其核心任务，这一次改革也进一步解决了历史上效率低下的问题。

2. 性别平等情况

作为联合国可持续发展目标的第五项内容，性别平等是 WMO 的重点工作内容之一。为了推进性别平等，越来越多的女性参与到 WMO 新机构的领导工作中，这一数据从 2019 年的 31% 上升到 2022 年的 39%。

尽管女性参与技术合作机构的平均比例仍然低于目标，但整体比例有所上升。报告中按性别分别列出了服务委员会、基础设施委员会和研究理事会的专家小组、工作组、科学咨询和其他相关机构的成员情况，其中，女性约占总人数的三分之一，但基础设施委员会中的女性只占 24%。

三、《WMO 2024—2027 年战略计划》的主要内容[①]

在对 2020—2023 年战略计划实施绩效评估的基础上，WMO 第 19 次

① 该部分内容根据第 19 次世界气象大会提供的机翻版资料整理而成。

世界气象大会通过了最新的 2024—2027 年战略计划。需要注意的是，2019 年第 18 次世界气象大会通过了 2020—2030 年整体计划，这是一个长期计划，它确定了未来 10 年的发展愿景和总体优先事项等，在这一框架下，2020 年之后的两期规划，即 2020—2023 年战略计划和最新的 2024—2027 年战略计划，作为落实 2020—2030 整体计划的分财期规划，其整体框架是基本一致的，即设置 5 个长期目标及之下的各个具体目标，以及财期内的工作重点。下面将详细介绍 2024—2027 年战略计划调整情况和战略计划的主要内容。

（一）《WMO 2024—2027 年战略计划》的主要变化

不同时期的 WMO 战略计划都受到当时历史背景的影响。在 2020—2030 年整体战略计划的框架下，2024—2027 年和 2020—2023 年战略计划的框架结构基本相同，主要的差异在于工作重点不同。总体而言，新战略计划的工作重点是基于前面工作的完成情况制定的，是前一财期工作重点的延伸，新战略计划的重点变化体现在以下方面。

1. 长期目标一的新增内容

长期目标一中新增了一项关于应对冰冻圈变化的具体目标，这一具体目标旨在更有效地应对冰冻圈变化，以保护环境、生态系统和人类社会的可持续发展。其未来 4 年的工作重点主要包括 3 个方面。

一是识别新出现的风险，规划整个价值循环的交叉性行动。这包括评估气候变化对冰川、海冰和冰盖等的影响以及相关生态系统和经济社会系统的脆弱性。

二是优化合作机制，促进创新并将研究成果转化为服务行动。这意味着加强国际合作与协调，共同进行研究、数据分享、技术创新和最佳实践的交流，并将科学研究成果转化为实际的服务行动，包括预警系统和气候适应措施等。

三是与外部利益相关方建立伙伴关系和开展合作，扩大现有的服务提供能力。这需要与政府、学术界、非政府组织、企业和社区等各方合作，共享知识、资源和经验，以提高应对冰冻圈变化的能力，并扩大服务范围。

2. 长期目标二的新增内容

长期目标二中的三个具体目标都新增了重点工作内容，以进一步推动相关领域的发展和实现可持续目标。

在 WIGOS 方面，新增了确保 WMO 观测计划的环境可持续性设计的要求。这意味着在制定和实施观测计划时，将更加注重环境保护和可持续性原则，主要包括通过减少自然资源消耗、优化观测站点布局来最大程度地减少对生态系统的影响，并采用环境友好的观测仪器与方法。通过这些努力，可以确保观测计划在准确提供天气气候数据的同时，对环境的影响最小化。

在 WIS 发展方面，增加了以会员为中心的软件平台的强化和维护的要求。这意味着在开发和运行 WIS 系统时，将更加关注会员的需求和利益。这包括提供易于使用的软件和界面，以便会员能够快速、准确地访问和共享气象信息。同时，还需要确保系统的可靠性、可持续性和数据安全性，以满足会员在气象信息获取和利用方面的需求。

在预报技术和产品方面，鼓励使用新技术并要求面向用户需求提供数据产品。这就要求持续创新和采用人工智能（AI）等先进技术，来改进天气预报和气候预测的准确率和时效性。此外，还强调数据产品的使用和定制化，以满足不同用户群体的需求。这包括提供个性化预报服务、定制化气象产品和将预报与其他领域的应用相结合，提供更全面的解决方案。人工智能英语预报的集成和产品化也被视为未来全球气象发展的重要方向。与上一个战略计划相比，新的战略计划增加了 AI 元素，使其成为推动气象科技发展的重要力量。未来还将积极推动 AI 在临近预报及数值天气预报等领域的示范应用，创建 AI 产品应用国际比对平台，制定 AI 气象应用标准和指南，推动 AI 数据集共享等相关工作，探索并发挥 AI 在气象领域的应用潜力，有效支撑全民早期预警倡议。

3. 长期目标三的主要变化

长期目标三的设置主要是针对地球观测和研究，在最新的战略计划中，对全球大气监视网（GAW）、世界天气研究计划（WWRP）和世界气候研究计划（WCRP）的发展提出了更高的要求。

最新的《2024—2027 年全球大气观测科学和实施计划》制定了以下 4 个目标：一是加强大气成分观测和数据基础设施建设，以了解趋势、可变性和极端情况；二是增强对气溶胶、活性气体、平流层臭氧和温室气体及其在地球系统中的相互作用的了解和应用研究，提高监测和预测能力；三是进一步推进大气成分信息的应用，并扩大与空气质量、人类和生态系统健康、气候变化和粮食生产有关的社会服务；四是提高全球大气观测能力，促进大气成分信息和相关服务的使用。

最新的《2024—2027 年世界天气研究计划执行计划》，制定了以下 3 个目标：一是继续推进从分钟到月的地球系统研究，使这项研究能够提供局地和区域可操作的气象信息；二是考虑复合和级联风险以及气候变化中天气影响的演变性质，优化预警流程；三是量化和减少从分钟到月的预测的不确定性，增强对不确定性情况下决策的理解，并制定有效的不确定性沟通策略，以便做出更明智的决策。

4. 长期目标五的新增内容

为了实现长期目标五，新增了两个具体目标。

一是着重培养 WMO 战略伙伴关系。这表明未来 WMO 的工作将更加注重与各方建立稳固的伙伴关系，注重在全球、区域和国家层面发挥 WMO 在天气、水、气候及相关环境问题方面的权威声音，提升其在全球气象和环境议程中的影响力。

二是重视环境可持续性，制定、发布并启动净零计划。这意味着 WMO 将致力于通过一系列措施和行动来减少自身的碳足迹和环境影响，以实现净零排放。具体包括采取绿色高效的出行措施，如推广使用低碳交通工具和减少差旅频率；倡导绿色建筑，优化能源利用和减少排放；推进绿色 IT（信息技术），采用节能设备和可再生能源；以及优化绿色供应链，选择环保材料和减少废弃物产生。通过这些举措，WMO 将树立环境可持续性的典范，并为其他组织和国家提供良好的示范和指导。

（二）《WMO 2024—2027 年战略计划》的具体目标

1. 长期目标一

更好地服务于社会需求：提供权威的、易理解的、面向用户的信息与服务。具体目标如下：

（1）加强国家多灾种预警/警报系统并扩大影响，以有效应对相关风险

2024—2027 年的重点：更好地准备和应对与环境有关的危险事件并更好地恢复；优化基于影响和风险的延伸预报，以及预警产品和服务；加强地球系统相关官方信息及预报警报信息的获取。

（2）加强气候信息和服务，以支持相关政策和决策

2024—2027 年的重点：改进全球气候服务框架（GFCS）重点领域的气候信息产品制作和服务提供，以支持气候适应和气候韧性发展；通过气候服务信息系统提高气候服务水平；支持气候适应和减缓行动的 WMO 方法和产品被采纳为国际气候相关政策实施和联合国系统行动的官方科学基础。

（3）发展可持续性和适应性的水文服务

2024—2027 年的重点：促进公开和免费的信息和产品交换；能够为会员水资源管理提供更好的水文服务；通过互操作性的服务提供、政策制定

和机构进步加强合作。

（4）强化决策支持性天气信息和服务

2024—2027 年的重点：通过提高用户参与度来优化气象服务和信息；在政策和资金上取得收益；参考国际标准加强针对用户的气象服务。

（5）加快开发综合系统和服务

2024—2027 年的重点：识别新的风险，规划跨部门行动；优化合作机制，促进创新，并将研究成果转化为服务行动；与外部利益相关方建立伙伴关系和开展合作，增强服务提供能力。

2. 长期目标二

加强对地球系统的观测和预测。具体目标如下：

（1）通过 WIGOS，优化地球系统观测数据的获取

2024—2027 年的重点：提高观测数据的可用性和范围；将各领域的观测结果纳入 WIGOS 中；协调用于支持气候适应和减缓的观测数据；将新技术应用于业务中；确保 WMO 观测计划的环境可持续性。

（2）通过 WMO 信息系统（WIS）优化和增加当前及过去地球系统观测数据及反演产品的获取、交换和管理

2024—2027 年的重点：改善数据发现和可获得性；实现地球系统的数据交换；确保地球系统数据的长期管理；强化和维持以会员为中心的软件平台。

（3）能够从 WMO 综合处理和预报系统中获取所有时间和空间尺度的数值分析和地球系统预报产品

2024—2027 年的重点：增加为会员提供的所有地球系统领域的模式和分析产品；建立地球系统各领域的互操作性和互联性；增强数据产品的可用性、质量、可及性；鼓励使用新技术，特别是人工智能；数据产品适用和面向用户需求。

3. 长期目标三

推动针对性的研究：利用科学领导地位增进对地球系统的了解来强化服务。具体目标如下：

（1）促进对地球系统的科学了解

2024—2027 年的重点：确定地球系统科学研究、模拟、预测、分析和观测方面的整体挑战；将整体挑战纳入科学战略和研究实施计划中；开发创新研究方法以及相关标准和原则，并提供给会员；培养科学领域的新一代领军人物。

（2）强化科学转化为服务的价值链，确保科技进步，提升预报能力

2024—2027 年的重点：提升所有时、空尺度地球系统预测能力，包括但不限于新兴方法和工具（如人工智能）；强化研究评估并支持用户产品和服务；开发地球系统分析和再分析产品；引导用户参与共同设计及开发服务。

（3）促进和推动与政策相关的科学

2024—2027 年的重点：强化科学基础以推动气候行动；为相关环境公约和联盟提供知识库；加强《2015—2023 年仙台减少灾害风险框架》①的知识储备。

4. 长期目标四

缩小在天气、气候、水文及相关环境服务方面的能力差距：提高发展中国家的服务能力，确保能够为政府、经济部门和群众提供基本信息和服务。具体目标如下：

（1）满足发展中国家的需求，使其能够提供和利用基本的天气、气候、水文及相关环境服务

2024—2027 年的重点：增进对技术、制度和人力资源方面能力需求的

① 2015 年 3 月 14—18 日，在日本宫城县仙台市举行的第三次联合国世界减少灾害风险大会通过了《2015—2030 年仙台减少灾害风险框架》。

了解；国家气象水文部门具有更强的能力来制定包括科学领域和国际培训领域的长期战略；提高国家气象水文部门的契合度和有效性，特别是最不发达国家和小岛屿发展中国家。

（2）发展和保持核心竞争力及专业知识

2024—2027 年的重点：强化国家气象水文部门及相关机构提供有效服务的资质和能力；强化区域和国家培训机构，包括区域间和区域内合作；支持国家气象水文部门人才培养计划，包括青年和女性专业人员。

（3）扩大有效的伙伴关系，以保证投资的可持续性以及基础设施和服务的效益

2024—2027 年的重点：强化跨区域及会员之间的伙伴关系和联盟，包括与私营部门和学术界的伙伴关系，以共享知识、技术和专业知识；与关键的联合国机构、政府间和非政府间组织、研究机构、私营部门和学术界建立战略、互利的伙伴关系和联盟；注重全球水文气象气候的共同标准、数据和产品共享及教育宣传；有效调动资源，推动国家气象水文部门开展相关活动，以满足会员最紧迫的需求。

5. 长期目标五

对 WMO 治理结构和计划进行战略性调整，以有效制定及实施各项政策和决策。具体目标如下：

（1）优化 WMO 组成机构的结构，以实现更有效的决策

2024—2027 年的重点：充分发挥 WMO 治理结构在效力、协同和协调方面的潜力。

（2）培养 WMO 战略伙伴关系

2024—2027 年的重点：在全球、区域和国家层面，扩大 WMO 在天气、水、气候及相关环境问题方面的权威声音。

（3）推进治理、科学合作和决策的平等、有效与包容

2024—2027 年的重点：更好地平衡地域、性别和行业的代表性，提高发展中会员的代表性。

（4）环境可持续性

2024—2027 年的重点：制定、发布并启动净零计划，包括绿色高效出行、绿色建筑、绿色 IT 和绿色供应链。

第四章　国际气象重大科技计划与项目主要进展*

建立和实施国际气象重大科技计划与项目，是全球各国和相关国际组织提升气象灾害防御能力和应对全球气候变化能力的一项重要举措。本章重点介绍 WMO 和部分区域性国际组织气象相关重大科技计划与项目的主要内容与进展情况。

一、WMO 气象重大科技计划与项目

目前，WMO 实施的气象重大科技计划共计 20 余项，各主要计划又包括若干子计划，下面分领域对其中的部分计划进行介绍。

（一）基础设施领域

1963 年，第 4 次世界气象大会批准了世界天气监视网（WWW）决议，开启了推动气象学和大气科学发展的新征程。WWW 的主要目的是确保所有 WMO 会员获得可用于业务和研究的气象信息。其主要包括 WMO 全球综合观测系统（WIGOS），由观测站网和其他基础设施组成，用于加强对地球系统五大圈层的综合观测；综合处理和预测系统（WIPPS），用于处理观测数据和数值天气预报；WMO 信息系统（WIS），用于快速交换信息。

*　执笔人员：樊奕茜

1. 气象观测领域

（1）WMO 全球综合观测系统

2007 年第 15 次世界气象大会通过决议建立 WMO 全球综合观测系统（WIGOS）。作为 WMO 首要优先事项之一，WIGOS 通过整合和共享来自国家气象水文部门和其他组织、私营企业等的观测数据，以高成本效益比和可持续的方式满足会员在天气、气候、水和相关环境服务方面日益增长的观测需求。2020 年，WIGOS 正式投入业务运行。2023 年，第 19 次世界气象大会通过了关于 2023—2027 年期间 WIGOS 2040 年愿景高级别指南，该指南将为 WMO 会员实施 WIGOS 优先领域提供指导。

WIGOS 包括全球观测系统（GOS）、全球大气监视网（GAW）、WMO 水文观测系统（WHOS）和全球冰冻圈监视网（GCW）。其中，全球观测系统（GOS）主要通过地基和天基观测网开展大气和海洋观测，包括地面观测、高空观测、海洋观测、航空观测、卫星观测、天气雷达观测和其他观测平台等。全球大气监视网（GAW）主要是为全球大气化学成分的评估提供数据支撑，为各国决策者提供可靠的科学信息，并定期发布《温室气体公报》《气溶胶公报》《北极和南极臭氧公报》和《WMO 空气质量和气候公报》。WMO 水文观测系统（WHOS）主要提供全球水文循环观测系统方案，该方案的目的是改进水文观测活动、加强国际合作并促进水文领域数据自由交换。全球冰冻圈监视网（GCW）主要开展冰冻圈观测活动，为有关科学评估提供数据支撑。

2023 年 11 月，WIGOS 工具和区域中心业务专家组第二次全体会议在西班牙召开，审查和更新了关于 WIGOS 数据质量监测系统（WDQMS）的区域中心技术指南、WIGOS 工具的运行状况和发展、WIGOS 与 WIS 元数据的相关问题、全球基本观测网（GBON）和区域基本观测网（RBON）、区域中心审核流程，以及将新的 WIGOS 组件集成到 OSCAR/Surface 数据库和其他 WIGOS 工具中等相关的能力开发活动。2023 年 11 月，WMO 二区协（亚洲）WIGOS 实施研讨会在北京召开，聚焦 WMO 二区协 2021—2024 年运行计划中基础设施领域的内容，讨论 GBON、RBON 等在区域层面的落地实施，探讨交流 WIGOS 区域中心等相关工作及进展，加大观测领域对全民早期预警倡议的贡献，为第 28 届联合国气候变化大会提供支撑，为 2024 年二区协第 18 次届会奠定基础。

（2）全球基本观测网

2019 年，WMO 在 WIGOS 框架下推动建立了全球基本观测网（GBON），以解决主要的观测数据缺口问题，加强全球实时天气观测。WIGOS 作为一项目标宏伟的计划，实施需要时间，因此为确保持续获得基本观测数据，增强地面数据的可用性，WMO 通过了建立 GBON 的决议，目标是在最短的时间和空间分辨率上获取并在国际上交换最基本的地基观测数据。

2021 年，在世界气象大会特别届会上通过了《WMO 关于地球系统数据国际交换的统一政策》和 GBON 技术条例，强调 WMO 所有会员之间可免费且不受限制地交换世界各地的观测数据和其他数据产品，促进所有 WMO 会员能够向其所属地区提供更好、更准确和更及时的天气和气候相关服务。新的数据政策制定了相关技术规则，明确了有关“核心数据”和“推荐数据”的详细内容并定期更新。

2023 年 5 月，WIGOS 数据质量监测系统（WDQMS）网络工具最新版（1.4.0 版）开发了 GBON 站点模块，为协助 WMO 实施 GBON 并监测其进展提供了重要工具。WDQMS 接收来自德国气象局、欧洲中期天气预报中心、日本气象厅、美国国家环境预测中心的近实时观测数据。GBON 模块监测陆地上所有与 GBON 相关的地面和高空台站，并使用数据可用性作为主要性能衡量标准，提供与 GBON 台站级合规性相关的性能监测信息。GBON 模块下一步将纳入全球卫星观测数据，以提供更多、更好的数据来提高天气和气候信息质量。

（3）全球气候观测系统

1992 年，WMO，联合国教育、科学及文化组织政府间海洋学委员会（IOC-UNESCO），联合国环境规划署和国际科学理事会共同发起全球气候观测系统（GCOS），目标是持续开展高精度气候观测，并免费开放提供气候数据。现在 GCOS 是 WIGOS 框架下的观测系统，负责对全球大气、陆地和海洋开展气候观测。GCOS 定期编制状态评估报告，评估气候观测系统的进展和当前未满足的需求，并编制实施计划，提出改进措施。

全球气候观测系统地面基准网（GSRN）和全球气候观测系统高空基准网（GRUAN）是在 GCOS 下发起的地面和高空基准观测网络。GSRN 和 GRUAN 观测数据将填补气候观测的空白，提供有气候代表性、长时间序列、质量可溯源的气候观测数据，加强对气候变化的认识以及对其未来变化趋势的了解。中国目前承担全球气候观测系统地面基准网牵头中心（GSRN-LC）。

2023 年 6 月，GCOS 召开第三次工作组会议，正式通过了 GCOS 2022 年实施计划，明确了 2022—2027 年应采取的重要行动[①]。会议还确定将于 2027 年完成新一轮 GCOS 状态评估报告，包括气候观测系统的差距分析报告以及行动进展情况报告，为《联合国气候变化框架公约》提供科学支撑，并将于 2028 年制定 2028—2032 年 GCOS 实施计划。

2. 气象预报领域——综合处理和预报系统

2023 年，在第 19 次世界气象大会上，WMO 基础设施委员会通过综合处理和预测系统（WIPPS[②]）决议。WIPPS 负责协调提升各会员的气象分析和预报能力，并推动分析和预报数据供所有会员使用。

---

① 行动分为六大主题，具体内容详见《全球气象发展报告 2023》国际组织篇。

② 原为全球数据处理和预报系统（Global Data-processing and Forecasting System，GDPFS），2023 年第 19 次世界气象大会通过决议，改名为综合处理和预测系统（WIPPS）。

未来，WIPPS 将扩展预报范围，满足会员各方面需求，一是从原来的短期—中期—长期的天气气候预报预测，向天气、气候、水、环境预报预测及其与人类活动圈层相互作用的影响预报和风险预警拓展；二是数值天气预报模式向地球系统模式升级，不仅耦合海洋和大气系统，同时还将全球碳循环、其他大气化学、海洋生物化学以及地表系统纳入其中；三是现有全球数据处理和预报系统（GDPFS）中心有望通过融合新型观测数据、高性能计算、地球系统模式、后处理技术以及人工智能（包括机器学习）等来提升技术水平。WIPPS 将为 WMO 会员提供更高质量的产品和服务，增强数据的可获得性和可用性，加快数据传输速度。

3. 气象信息化领域——WMO 信息系统

2008 年，WMO 通过决议建立 WMO 信息系统（WIS）。WIS 负责收集权威的气象和水文数据，并支持 WMO 会员间的数据交换。WIS 的大部分数据和产品均以文件形式通过服务器提供或使用全球电信系统（GTS）分发，以便在合作中心之间进行交换。

自 2020 年第 18 次世界气象大会以来，WIGOS 持续提升所有尺度的预报和信息质量。WMO 基础设施委员会推出 WIS 2.0，旨在未来取代 GTS 支持全球基本观测网（GBON），推动全球便捷、有效、平价地共享数据。2022 年，WMO 开发了 WIS 2.0 组件（WIS 2.0 in a box），提供即插即用的工具集，便于获取、处理和发布天气、气候和水数据，降低数据提供的准入门槛，为查找、访问和可视化数据提供基础设施和服务，支持在最不发达国家和小岛屿发展中国家执行 WIS 2.0。WIS 2.0 试验阶段，全球建成两个全球通知枢纽（GB），分别位于中国和法国；建成两个全球发现目录（GDC），分别位于中国和加拿大。中国承担的 WIS 2.0 试验阶段的 GB 和 GDC，以及一个国家节点初步建成，并实现稳定运行。中国建设的 GB 已上线并稳定运行，并连接了法国 GB 以及摩洛哥、意大利、韩国等 27 个试验节点，建立了消息驱动的实时数据交换流程。中国建设的 GDC 已实现基于 WMO 核心元数据规范的目录导航，具备开放地理空间协会标准的 API 接口服务，以及查询检索和元数据展示 / 下载等功能。

（二）服务领域

1. 全民早期预警倡议

2022 年，联合国在世界气象日公布了全民早期预警倡议（EW4ALL）。在第 19 次世界气象大会上，WMO 确认了将 EW4ALL 作为 2023—2027 财年的首要优先事项。全民早期预警倡议重点考虑了提高灾害监测和预警能力、缩小观测差距、推进全球预报数据处理系统和数据交换所需的首要技术行动，旨在优化国际合作行动（倡议的主要内容、预期效益和实施进展将在第五章详细介绍）。

2. 全球气候服务框架

2009 年，联合国在第 3 次气候大会发起并通过了 WMO 全球气候服务框架（GFCS），目的是通过以科学为基础的气候信息和预测，更好地管理气候变率并适应和减缓气候变化的风险。

GFCS 由五部分组成。一是观测，主要开展大气、陆地和海洋等气候、水文、冰冻圈、碳循环观测，整合社会经济、生物和环境数据，为用户提供气候服务信息。二是气候服务信息系统，这是 GFCS 的主要机制，主要为过去、现在和未来的气候信息归档、分析、建模、交换和处理，提供气候分析和预测产品。三是研究、建模和预测，GFCS 为了满足气候服务的多样性需要，建立各类网络，将气候研究人员与社会经济行业人员联合起来，拓展气候研究。四是用户平台界面，便于用户、气候研究者和气候服务方在全球、区域和国家各个层面进行互动，确保框架满足用户对气候服务的需求。五是能力发展，是联系和支持其他 4 个部分的基础，确定其他 4 个部分的特殊能力开发需求，扩展 GFCS 的基本需求。

在借鉴 GFCS 建设理念的基础上，中国气象局构建了中国气候服务框架（系统）（CFCS），以支持面向用户的灾害风险管理和气候风险管理为实施目标，切实提高气候服务的敏感性、主动性和科学性，不断拓宽气候服务领域，加强气候风险社会管理职能，深化与各级政府、社会公众和重点行业的合作。2013 年中国气象局编制了《中国气候服务系统（CFCS）实施计划》，确定了农业与粮食安全、灾害风险管理、水资源、能源、城镇化和人体健康等六大优先领域。

（三）研究领域

1. 世界天气研究计划

1982 年，世界天气研究计划（WWRP）开始实施，目的是推动和促进与天气、数值预报及其对社会影响有关的研究活动，加强科研和业务方面的国际合作。

WWRP 实施以来，增进了对高影响天气事件的认识，同时在考虑社会经济影响下的天气预报和预警系统方面取得了进展。WWRP 确定了 3 个核心项目，分别是高影响天气（HIW）项目、极地预测（PPP）项目和次季节到季节预测（S2S）项目（表 4.1）。

2023 年，第 19 次世界气象大会确定，未来将不再提出 10 年期的核心项目，取而代之的是部署更多的研究示范类项目（RDP），即 WWRP 2024—2027 年的项目（表 4.2），批准了 WMO《2024—2027 年世界天气研究计划的实施计划》。其目标包括：一是推进对地球系统的研究，时间尺度从几分钟到几个月不等，并通过科学促进服务的价值循环方法，使这项研究能够提供局地和区域可付诸行动的天气信息，推进其在可再生能源、农业和卫生等领域的应用；二是加强预警，并考虑复合和级联风险；三是

表 4.1 WWRP 三项核心项目及其主要内容

项目名称	主要内容
高影响天气（HIW）项目	HIW 的目标是为未来的预警系统提供蓝图，侧重于观测—预报—应对的端到端预警链
极地预测（PPP）项目	PPP 的目标是从小时到季节的时间尺度上，为极地地区提供更好的天气和环境预测服务。通过加强日常观测，改进数据采集和同化方法，提高数值模式的预测能力和产品精度
次季节到季节预测（S2S）项目	S2S 的目标是评估次季节到季节活动的潜在可预测性，研究预报中的系统性误差和偏差，比较和验证相关模式，量化其不确定性

表 4.2 2024—2027 年 WWRP 计划包含的项目

项目名称	研究重点
高影响天气核心项目（至 2024 年）	高影响天气的可预测性，帮助利益相关方决策和面对不确定性信息
巴黎研究示范项目（至 2024 年）	开展次千米尺度的天气和大气成分预测
航空研究示范项目 -2（至 2025 年）	利用遥感观测数据与数值模拟方法，观测湍流和云冰水含量
热带气旋概率预测研究示范项目（至 2025 年）	量化热带气旋和相关危害的置信度
极地耦合分析和预测服务研究示范项目（2024—2028 年）	改进大气、海冰、陆冰和海洋相耦合的极地模式过程表示；提供季节性预报
农业和环境次季节应用研究示范项目（2024—2028 年）	用大气—海洋—陆地耦合系统改进 S2S 和更长时间尺度的预报
城市预测研究示范项目（2025—2029 年）	探索次千米尺度的观测和模拟，描述城市气象过程，了解人群对高温和空气质量危害的脆弱性
水文和降水研究示范项目（2024—2028 年）	增强对大气和水文综合系统在分钟到日尺度上不确定性降水的认识，开发山洪和沿海泛滥短期预报
公众参与项目（2024—2027 年）	制定传播战略并与教育工作者建立新联系，提高公众对 WWRP 的认识
伙伴项目（2023—2027 年）	提升临近预报能力，重点是将静止卫星观测数据用于非洲短期预警

量化和减少从几分钟到几个月时间尺度的预报预测的不确定性，加强对不确定性情况下决策的理解，并制定关于不确定性的有效沟通策略，以便作出决策。

2. 世界气候研究计划

1979 年，WMO 批准世界气候研究计划（WCRP），通过协调国际级别的气候研究倡议，组织科学家开展气候前沿问题研究，确保决策者和公众能够从最新的科学进展中获益。WCRP 的重点领域包括确定气候的可预测性和人类活动对气候的影响。

WCRP 制定了 2019—2028 年战略计划，设立了 4 个目标，分别是促进对气候系统的基本了解、预测气候系统的近期演变、提高气候系统预测能力、支持发展自然科学与社会科学相结合的理论和实践。

2023 年，WCRP 推出了两项“灯塔活动”（Lighthouse Activists），一是全球降水试验（GPEX）。GPEX 计划开展 5 ~ 10 年，并结合 WCRP 的降水年（YoP）项目分 3 个阶段开展，GPEX 将聚焦改进全球包括极地和高原地区的降水预报，利用全球降水预报系统，基于地面和卫星观测，提高建模和研究能力，加快改进降水预报及其在复原力和可持续发展方面的应用。二是研究气候干预的潜在影响。由于当前减排承诺不足以实现《巴黎协定》的温度目标，因此提出通过实施大规模地球工程方案减缓气候变化影响，包括碳捕集与封存、太阳辐射管理等。

3. 全球温室气体监视网计划

2023 年，WMO 通过决议批准了全球温室气体监测基础设施计划，充分利用 WMO 在协调天气预报和气候分析方面的国际合作经验，在全球大气监视网及全球综合温室气体信息系统的支持下，开展全球温室气体监视网计划（G3W），进行温室气体监测和研究。根据该决议，WMO 将在国际合作框架内协调各方需求，推动在综合业务框架中发挥现有的温室气体监测能力。全球温室气体监视网将补充估算排放量的方法，并将帮助《联合国气候变化框架公约》缔约方在扎实的科学基础上采取减缓措施。

2023 年，WMO 温室气体监测联合研究组（SG-GHG）根据第 19 次世界气象大会要求，制定了全球温室气体监测计划（G3W）方案。G3W 由全球地面和卫星观测集、温室气体排放和吸收计算模型、代表温室气体循环的全球高分辨率地球系统模型、融合观测与模型的数据同化系统 4 部分组成。G3W 的实施计划分为以下几个阶段：2024—2027 年是实施和预运行阶段（G3W-IPP）；2028—2031 年是初始运行阶段，主要为第二次全球盘点（GST-2）整合 G3W 系统配置；最后是增强运行阶段，主要任务是整合卫星遥感、地面网络、人工智能和数据驱动模型等技术，提高温室气体监测系统的可靠性。

二、其他国际组织和国家的气象重大科技计划与项目

1. “目的地地球”倡议

2022 年 3 月，欧盟委员会启动“目的地地球”（DestinE）倡议，主要目标是到2030年开发出一个高度精确的“数字孪生”地球模型，以监测、模拟、预测自然和人类活动，并开发和测试可持续发展的未来情景。其高质量信息、数字服务、模型、情景、预测和可视化将首先提供给公共部门用户，然后逐步提供给科学界、私营部门和公众。

在组织架构上，“目的地地球”倡议由欧盟委员会主导，由欧洲中期天气预报中心、欧洲航天局和欧洲气象卫星开发组织共同开发。其中，欧洲中期天气预报中心负责开发数字孪生系统，包括数字孪生引擎和两个优先的数字孪生系统——极端天气数字孪生和气候适应数字孪生；欧洲航天局负责运营核心服务平台，提供基于开放、灵活和安全的云计算系统的决策工具、应用程序和服务；欧洲气象卫星开发组织负责数据湖建设，提供存储空间和对数据集的无缝隙访问。此外，该倡议还建立了协调小组和战略咨询委员会，以促进欧洲、国家和区域层面的合作协同，为倡议的实施和进一步发展提供技术和科学建议。该倡议还与欧盟其他项目开展广泛合作，

如欧洲高性能计算联合项目为“目的地地球”倡议提供了 LUMI、Leonardo 等在全球领先的高性能计算设施。

2024年6月，“目的地地球”倡议完成并发布了第一阶段（2021年12月—2024年6月）建设成果，交付“目的地地球”系统的主要组件，包括两个数字孪生系统和数字孪生引擎等。其中，数字孪生引擎是一个强大的软件基础设施，可以保证多个不同的数字孪生像乐高积木一样能依序搭建成最终的“数字孪生”地球模型。气候变化适应数字孪生系统实现了 5 千米分辨率的全球气候模拟，极端天气数字孪生系统实现了 4.4 千米分辨率的全球天气模拟和 500 ~ 750 米分辨率的区域天气模拟，可提前 2 ~ 4 天预测极端天气事件及其影响。

目前，倡议已经启动第二阶段。在第二阶段（2024—2027 年），气候变化适应数字孪生和极端天气数字孪生将过渡到业务层面，重点提高在 EuroHPC 超级计算机上的运行效率，改进数字孪生的质量并增强交互元素；数字孪生引擎将重点关注可扩展性、可移植性和互操作性，将 EuroHPC 上数字孪生的端到端工作流过渡到业务。欧洲中期天气预报中心引领基于人工智能的地球系统模型发展，支持量化地球系统数字孪生的不确定性并增强其交互能力；欧洲航天局的核心服务平台将通过与用户共同设计，来促进社区之间的合作；欧洲气象卫星开发组织负责的数据湖将继续提升“目的地地球”系统数据组合的适用性并提高联合访问的性能。

2. 哥白尼计划

哥白尼计划（Copernicus Program）是迄今为止最雄心勃勃的地球观测计划。该计划由欧盟委员会牵头组织并管理，由欧洲航天局、欧洲气象卫星开发组织、欧洲中期天气预报中心和欧盟成员国负责具体实施。目标是对全球开展全方位的观测，提升观测和服务的经济效益，促进可持续发展并保持欧洲对地观测技术的独立性和世界领先地位。同时，决策者、研究人员、商业用户以及全球科学界，都可以从该计划提供的数据和信息中受益。2012 年，哥白尼计划正式启动实施，并成立了哥白尼委员会负责用户管理。

哥白尼计划的前身是全球环境与安全监测（GEMS），是一个由用户驱动的信息服务项目，主要以遥感对地观测数据和地面数据为基础提供数据、信息和服务。哥白尼计划由空间部分（Copernicus Space Component）和服务部分（Copernicus Services）组成，分别与欧洲航天局、欧洲气象卫星开发组织和欧洲中期天气预报中心等签订委托协议开展活动。

哥白尼计划注重促进空间基础设施和数据的国际合作，如数据处理合作、将第三方数据（包括实地数据）集成到哥白尼数据系统、数据同化到哥白尼服务的模式和产品中。哥白尼计划上游部门包括“哨兵”卫星及其地面部分的制造商、发射服务提供商、光学和雷达传感器制造商、数据供应商等。有研究表明，这些上游部门在 2008—2017 年产生了 83 亿欧元的投资收益。

哥白尼数据开放程度高，数据可用性高，产品多样。2023 年，哥白尼数据空间生态系统（CDSE）作为全球哥白尼“哨兵”数据用户单一接入点充分发挥作用，为用户提供从“哨兵”卫星获取的大量开放免费数据，主要包括即时数据和历史数据，以及哥白尼计划派遣的飞行任务和第三方卫星提供的数据等。9 家欧盟初创公司提供的包括多光谱、高光谱、红外和大气成分等在内的空间数据被纳入哥白尼计划开放门户网站，以补充“哨兵”卫星的开放数据。截至 2024 年 4 月，开放门户网站已有 75 万用户，用户下载量达 588.8 PB，相关产品发布超 6751 万件，门户网站可用性维持在 100%。

3. 地球探索者项目

欧洲航天局是一个致力于探索太空的政府间组织，总部设在法国巴黎。欧洲航天局的卫星项目有多个类别，其中地球探索者（EE）项目偏向于研究，强调对不同圈层系统之间相互作用及人类活动对这些地球自然过程的影响。这类研究项目一般选择相对较小的卫星，着眼于地球环境研究所需的新技术。

（1）项目的主要目标

EE 项目的主要目标是通过解决科学问题来推进地球科学发展。这些问题涉及地球大气圈、水圈、岩石圈、冰冻圈、生物圈及磁力圈。项目利用创新的太空技术，将地球作为一个复杂的相互作用的系统，旨在推进科学和技术进步，解决未来几十年人类将面对的社会问题，例如食物、水、能源、资源、公共卫生和气候变化。

（2）项目的主要进展

自 2009 年第一个 EE 卫星成功发射以来，在 11 项科研卫星项目（表 4.3）中已有 6 颗顺利升空，卫星研发效果超过预期。在 2023 年用户咨询大会上，地球探索者第 11 号项目的两颗科研卫星被选定，分别是探索 5 ～ 115 千米大气层红外扫描的 Cairt 卫星和探索云内风和降水数据的 Wivern 卫星。

4. 热带大气海洋观测项目

热带大气海洋（TAO）观测项目由 NOAA 和日本海洋地球科学技术厅联合开展，主要探测海温变化的重要来源，有助于提前数月预测拉尼娜和厄尔尼诺现象。该项目历时 10 年（1985—1994 年）建成。2000 年 1 月 1 日，其与主要在西太平洋开展监测的三角跨洋浮标网（TRITON）合并组成 TAO/TRITON 网，在赤道附近南北 10° 以内区域共布设 55 个浮标站。

因观测船只退役和卫星观测升级的影响，从 2023 年开始实施耗资 2300 万美元的首次大修和升级，部署第一批改造浮标，预计 2027 年完成。升级后的 TAO 将每 10 分钟（原先是每小时）传回 1 次数据，收集的数据增多，且系统耗电更少、弹性更强，允许人工远程访问和重置仪器。每个浮标都将新增 7 个新传感器，用于测量海洋混合层，以了解厄尔尼诺现象

表 4.3 地球探索者计划项目

编号	项目名称	进度	内容
1	重力场和稳定态海洋环流探索者（GOCE）	2009 年 3 月 17 日发射，于 2013 年完成任务	测量地球重力场，并以极高的精度模拟大地水准面
2	风神（Aeolus）	2018 年发射	第一个在全球范围内获取地球风廓线的卫星，只携带一个大型仪器——多普勒测风激光雷达
3	冰卫星（CryoSat）	2010 年 4 月 8 日发射	欧洲首颗地球陆地和海洋冰盖厚度观测卫星，专门用来监测地球冰冻圈变化最剧烈的部分
4	土壤湿度和海洋盐分（SMOS）	2009 年 11 月 2 日发射	对陆地土壤湿度和海洋盐度进行全球观测，通过持续绘制水循环中这两部分的信息，推进对地表和大气交换的认识
5	Swarm 磁场卫星	2013 年 11 月 22 日发射	由 3 颗卫星组成，用于精确测量来自磁层、电离层、地核、地幔、地壳和海洋的磁信号
6	地球云气溶胶和辐射探索者（EarthCARE）	2024 年 5 月发射	欧洲与日本的合作项目，目标是提高气候和数值天气预报模式中地球辐射平衡的表述和理解
7	生物量监测（Biomass）	2013 年被选定，2023 年启动	提供森林状况及变化方式信息，用于深入了解森林在碳循环中的作用
8	光合作用探索者（FLEX）	2015 年 11 月被选定，计划 2025 年发射	绘制植被荧光图以量化光合作用，提高对碳在植物和大气之间移动方式以及光合作用如何影响碳和水循环的理解，更好地了解植物健康和压力
9	远红外射出辐射理解和监测任务（FORUM）	计划 2026 年发射	为地球辐射收支及其控制方式提供新见解，改进气候模式，填补地球长波能量中一半以上为远红外且尚未测量的空白
10	和谐项目（Harmony）	2022 年 9 月被选定	两颗卫星与 Sentinel-1 卫星编队，携带合成孔径雷达接收器，提供地表形状的微小变化，冰盖快速变化的边缘区域冰川的 3D 变形和流动动力学。携带多波束热红外仪器，测量云层运动，没有云时测量海面温差
11-1	变化大气红外断层（CAIRT）	2023 年被选定	为了解海拔 5 ~ 120 千米范围内气候变化、大气化学和动力学的联系提供观测数据。侧重于将大气环流、成分和区域气候变化结合起来的过程，得到现有或计划中卫星项目无法提供的关键观测数据。该项目还将是第一个在太空中使用傅里叶变换红外成像技术的临边探测仪（limb-sounder）
11-2	风速雷达观测器（WIVERN）	2023 年被选定	世界上唯一能够测量云中的风，并提供雨、雪和冰水剖面的卫星项目。它携带一个双偏振、圆锥扫描的 94 GHz 多普勒雷达，观测数据有益于天气预报模式高影响天气和危险预报，还有助于得到云和降水剖面的气候记录

的深层热量如何通过该层上升并影响地表天气。同时，悬挂在浮标上的其他仪器将可以测量海面以下 315 米的洋流，以更好地了解厄尔尼诺现象的热量传播。TAO 的升级也将有助于对拉尼娜和厄尔尼诺现象的观测。

第五章　全民早期预警倡议实施进展*

世界各国的实践证明，早期预警是抵御气象灾害、保障民众生命安全的有效手段，但相关调查显示，目前全球仍有约三分之一的地区尚不能及时获得预警和气候信息。在此背景下，联合国提出了全民早期预警倡议（EW4ALL），旨在使每个人都享有早期预警系统的保护，免受极端天气、气候和水灾害事件影响。其中，WMO 作为牵头机构之一，已将该倡议列为旗舰项目和首要优先事项全面推进。

一、全民早期预警倡议的主要内容和保障机制

（一）主要内容

2022 年 3 月，联合国宣布启动全民早期预警倡议。该倡议由 WMO 和联合国减少灾害风险办公室（UNDRR）共同牵头，并得到了国际电信联盟（ITU）及红十字会与红新月会国际联合会（IFRC）的支持。同年 11 月，在《联合国气候变化框架公约》第 27 次缔约方大会（COP27）上，联合国发布了全民早期预警行动计划（以下简称“行动计划”），要求联合国及全球相关组织行动起来，实现在未来 5 年内（2023—2027 年）向地球上每个人提供预警，以抵御日益极端和危险的天气。行动计划由 WMO 及其合作伙伴共

* 执笔人员：李萍　樊奕茜

同起草，50 个国家表示支持并签署联合声明。2023 年 6 月，第 19 次世界气象大会把落实联合国全民早期预警倡议作为 WMO 未来 4 年的首要战略，并纳入最新战略计划。

行动计划提出，预计未来 5 年（2023—2027 年）新的专项投资约为 31 亿美元，用于推进多灾种预警系统的四大支柱建设：

支柱 1：灾害风险知识（3.74 亿美元）——系统收集数据并对危害和脆弱性进行风险评估；

支柱 2：观测与预报（11.8 亿美元）——发展监测和预警服务；

支柱 3：备灾与应对（10 亿美元）——建设国家和社区的应对能力；

支柱 4：发布与传播（5.5 亿美元）——传播风险信息，使所有需要风险信息的人们都能获得、理解和使用这些信息。

行动计划还提出，距 2027 年目标实现还面临很多挑战，包括：① 改进基于影响、以人为本的预报和预警系统；② 加强对气候将如何继续变化的理解，以确保多灾种预警不仅在当今条件下有效，而且在未来也有效；③ 研究如何更好地传播预警和不确定性，以确保预警信息得到理解并采取行动；④ 了解机器学习和人工智能如何帮助实现高质量、以影响为重点的实时业务预报。

（二）保障机制

行动计划重点考虑了缩小观测差距、推进全球预报数据处理系统和数据交换所需的首要技术行动，并明确提出以扩大关键基础融资机制的方式支持目标的实现，包括 WMO 全球多灾种早期预警系统（GMAS）、气候风险与早期预警系统（CREWS）以及系统观测融资机制（SOFF）等。

WMO 全球多灾种早期预警系统通过提供更多 WMO 灾害性天气信息中心的权威预警和信息来帮助最不发达国家和小岛屿发展中国家应对生命和

财产受到的威胁，包括热带气旋、沿海风暴潮、洪水和骤洪、干旱和热浪等，并支持及早采取行动。

气候风险与早期预警系统倡议是气候风险和预警的专门融资机制，旨在保护最不发达国家和小岛屿发展中国家的生命、财产和生计。该倡议由技术援助、能力建设和专家咨询服务组成，投入总计 8400 万美元，将覆盖 50 多个最不发达国家和小岛屿发展中国家。

系统观测融资机制（SOFF）旨在缩小最不发达国家和小岛屿发展中国家在基本天气和气候数据方面的差距。该机制于 2022 年 7 月开始运作，目标是支持 100 个国家，其中，向 65 个最不发达国家和小岛屿发展中国家提供技术援助、投资和开放式成果资金，使 35 个符合援助条件的国家获得技术援助。

二、落实全民早期预警倡议的主要进展

（一）全球多灾种早期预警系统建设的主要进展

2023 年 12 月，WMO 和 UNDRR 共同发布《2023 年全球多灾种早期预警系统现状》报告，阐述了联合国全民早期预警倡议取得的进展，并对在 2027 年实现全民早期预警目标提出了相关建议。报告从风险知识、观测预报、预警传播及应对准备 4 个方面对全球多灾种早期预警系统的建设进行了全面评估。

报告显示，截至 2023 年 3 月，已有 101 个国家建立了多灾种早期预警系统（2015—2022 年多灾种早期预警系统建设情况见图 5.1），占全球国家总数的 52%。其中，非洲和亚太地区取得了显著进步，而美洲和加勒比地区的覆盖率仍有待提高（图 5.2）；21 个最不发达国家（占所有最不发达国家的 46%）、5 个小岛屿发展中国家（占所有小岛屿发展中国家的

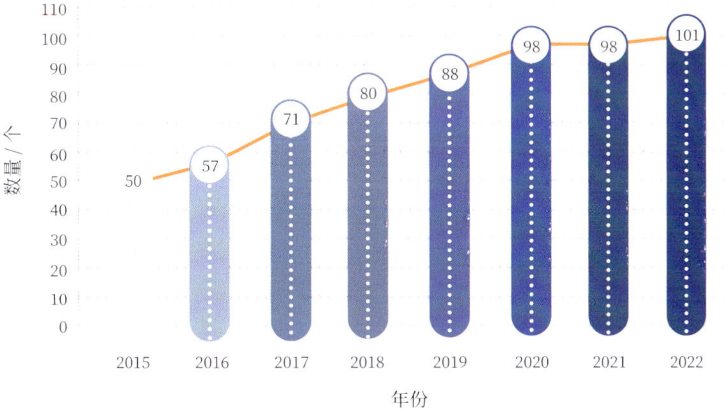

图 5.1　2015—2022 年建立多灾种早期预警系统的国家数量

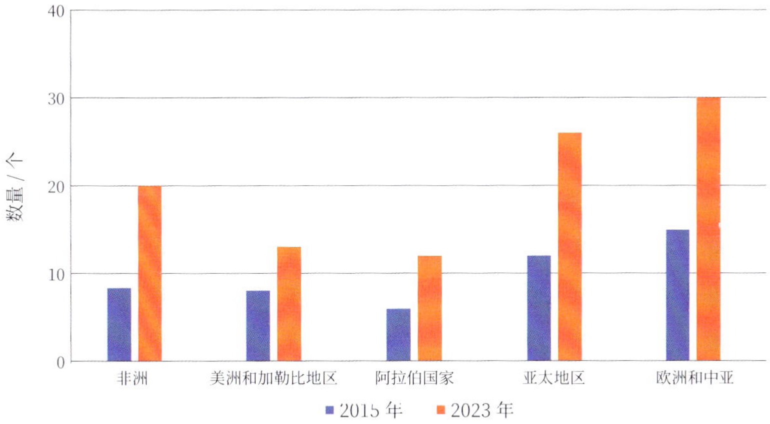

图 5.2　2015 年与 2023 年各区域建立多灾种早期预警系统的国家数量对比

39%）、19 个内陆发展中国家（占所有内陆发展中国家的 59%）称已建立多灾种早期预警系统。

报告指出，在全球范围内，67% 的 WMO 会员称已经全面开展预警服务；从区域层面讲，南美洲区域有 75% 的会员已全面开展预警服务，亚洲为 74%，非洲为 55%；另外，有 56% 的会员称已经在其预警产品中纳入灾害、暴露度和脆弱性等相关信息；在灾害预警法律制度建设方面，有 38% 的会员制定了灾害预警相关的法律、法案或类似机制，61% 的会员称已与相关机构和利益相关方制定了标准操作程序（SOP）。

（二）气候风险与早期预警系统倡议（CREWS）实施情况

气候风险与早期预警系统倡议（CREWS）主要由 WMO、世界银行、全球减灾和恢复基金（GFDRR）及联合国减灾署组织实施，成员包括澳大利亚、法国、德国、卢森堡、荷兰、瑞典、英国。2024 年 6 月，CREWS 发布 2023 年年度报告，系统总结了倡议的实施进展。

报告显示，已有 45 个国家的 3.965 亿人能够享受 CREWS 支持下的预报预警服务。截至目前，在 CREWS 支持下制定并批准了 58 个国家的预警计划、战略和法律。2017—2023 年，已开发或优化了 241 种风险数据工具和风险产品，用于预警或增强服务；在 15 个国家和地区的支持下，根据用户需求开发和定制了 105 种预测预报产品；通过 10 个项目，开发、更新和实施了 87 种操作标准程序（SOPs）；18 个国家在 CREWS 支持下采用通用警报协议（CAP）并发布预警；通过 18 个 CREWS 项目或举措，1.1 万多名人员接受了专业或有针对性的培训。

其中，2023 年，CREWS 为来自非洲、亚太和加勒比地区 19 个国家的 1.25 亿人提供了新的或改进的预报和预警服务。布基纳法索、马里和尼日尔的 7370 万人能够获得更及时、更准确的灾害预报预警，从而更有效地抵御山洪灾害。11 个国家通过法律、框架和国家战略或总体计划加强了天气气候服务。通过 14 个 CREWS 项目，修复、开发、增强或实施了 38 个气候风险工具或系统，9 个项目已完成或正在实施 73 项风险分析、评估和信息产品。在 2023 年底接受通用警报协议培训的 30 个国家中，有 12 个来自 CREWS 倡议中的太平洋小岛屿发展中国家，2 个来自非洲之角——埃塞俄比亚和索马里。

2023 年，CREWS 成员显著增加，达到 12 个。新增成员奥地利、摩纳哥和挪威承诺向 CREWS 提供 1832 万美元。法国将其年度捐款增加了一倍，达到 800 万欧元。自 2017 年以来，对 CREWS 的总承诺和捐款已达到 1.3048 亿美元，其中 1.0439 亿美元已到账。

（三）系统观测融资机制（SOFF）实施情况

系统观测融资机制（SOFF）于 2019 年提出，自 2022 年 7 月开始运作，分为初始阶段、投资阶段和实施阶段。SOFF 的 30 多个业务伙伴包括世界银行等权威金融机构。近期，SOFF 发布了 2023 年行动报告，全面阐述了该机制运作以来的主要进展。

报告显示，截至 2023 年 12 月，SOFF 实施一年半以来，已有 101 个国家对 SOFF 提出资助需求，其中有 60 个国家已获批初始阶段资金，伯利兹、基里巴斯、马尔代夫、莫桑比克、卢旺达、南苏丹等 6 个国家进入投资阶段。在初始阶段，每个国家平均花费约 13.9 万美元；在投资阶段，6 个国家总花费 3000 余万美元。报告提出，SOFF 还将针对特别区域开展工作，如制定全面太平洋方案和全面加勒比方案等。

（四）WMO 部分会员早期预警系统建设主要进展

实施早期预警系统建设计划，是落实联合国提出的全民早期预警倡议的具体行动。WMO 相关报告显示，目前，部分会员已较早建成了较完善的早期预警系统，在气象防灾减灾中发挥了重要作用。

1. 中国

中国已建成较为完善的气象灾害预警体系，政府部门、行业、企业和各类社会组织、个人，均可通过不同渠道及时获取气象灾害预警信息。气象灾害预警在保护人民群众生命财产安全中发挥了重要作用。

在制度建设方面，依据《中华人民共和国气象法》《国家气象灾害应急预案》《气象灾害防御条例》等法律法规，突发气象灾害重发频发的省（区、市）均把气象防灾减灾和公共服务权责清单纳入地方政府权责清单，并修订或建立了气象灾害应急预案或有关应急制度，全国有 2090 个县制定气象灾害防御规划，2.8 万个乡镇将气象灾害防御纳入政府综合防灾减灾体系。随着《中国气象局关于加强气象防灾减灾救灾工作的意见》《中国气象局关于推动气象灾害预警联动机制建设的通知》的实施，气象预警已被确定为应急响应的启动条件之一，“关、停、限、避、调”等措施也与预警信号绑定。

在部门联动方面，致力于建立上下衔接、规范统一、多部门应用的预警信息发布业务体系。中国气象局牵头建立了由 33 个部门组成的气象灾害预警服务部际联络员制度，横向连通 17 个政府部门，纵向连通国家、省、市、县级并可直达各级应急责任人；实施“叫应”制度，气象部门发布高级别预警后，第一时间通知预警覆盖的乡镇主要负责人和基层应急责任人。通过“村村响”应急广播、微信小程序、聊天机器人等多种形式，推动预警精准靶向送达受影响行业、区域和特定人群。19 个行业利用国家预警发布系统发布本部门预警和提示类信息，直通各级应急责任人和气象信息员。公众可以通过电视、广播、互联网、短信、新媒体、公众终端等多种渠道第一时间接收到预警信息。

在技术支撑方面，中国基本建成地、空、天一体化综合气象观测系统，可实现全天候气象灾害快速跟踪、准确定位和多维监测，为实现气象灾害早期预警、准确预警提供了强大的技术支撑。

2. 美国

美国从 20 世纪 50 年代开始建立国家预警系统，是世界上最早建立现代预警系统的国家之一。其按照属地及责任区原则，由国家天气局（NWS）

和地方气象台负责制作并发布各种灾害性天气预警。目前，美国已经建成比较完备的气象灾害预警系统，全国公众可以及时获得气象预报和灾害预警信息。预警信息可通过网络、电视、广播等新闻媒介随时向社会公布，电视台设有专门气象服务频道，可全天 24 小时不间断地播放气象服务信息。

2016 年 4 月，时任美国总统奥巴马签署《公共预警预报集成系统现代化法案》，以提高公共预警预报集成系统的现代化水平。美国公共预警预报集成系统会在应急事件发生之前、发生期间和发生之后向公众发布紧急警报和警告信息，并确保在任何情况下美国总统都能在 10 分钟内向公众发表应急演讲、发布警报和警告。美国公共预警预报集成系统不强制要求相关方使用，也不替代原有的预警系统，而是致力于整合美国预警体系架构，使地方、州、属地、部落和联邦公共机构等可以通过单一集成接口协同使用国家公共预警系统紧急警报系统、NOAA 气象广播、国家天气服务系统、互联网服务技术、地方警报系统以及其他先进通信技术等手段发布信息。

同时，美国采用多种举措提高公共预警预报集成系统现代化水平。一是在通用警报协议、标准、术语和操作规程的指导下，提高预警系统基础设施韧性，提升系统安全等级，使系统具备抵御攻击的能力；二是在先进科学技术的保障下，提升发布能力，扩大覆盖人群，使系统具备根据地理位置、风险内容和通信手段适配通信内容的能力，具备向脆弱群体、英语水平低的人员、偏远地区人员、游客等发布警报的能力；三是借助联邦政府、州、地方、私营机构、应急响应人员、公众等多方协调合作机制，加强宣传教育工作，制定培训演练计划，定期开展培训演练，每 3 年至少进行一次全国范围的公共预警预报集成系统测试，使政府官员掌握系统启动方法，使公众懂得如何获取和使用预警预报信息。

3. 英国

“全国恶劣天气预警服务”系统是英国气象局向市民和政府机构提供

服务的重要平台。在大风、暴雨、暴雪、浓雾和大面积冰霜等气象灾害出现前，英国气象局会启动预警机制，在短时间内通过网络、电台和电视台向英国13个区域提供气象灾害预警信息。

英国预警信息包括早期预警、提前预警、快速预警等。早期预警在气象灾害预期出现前5天发出。快速预警在灾害性天气发生前6小时发布，向公众和政府防灾减灾部门提供气象灾害发生地点、时段和强度等详细信息。如果天气状况可能阻碍交通，英国气象局还会视灾情向交通管理部门、行人和车辆提供预警。

4. 法国

法国建立了气象预警机制，一旦可能出现灾害性天气，法国气象局会与有关部门通力合作，共同做好气象预警工作。

法国气象灾害预警由国家气象预报中心和7个区域中心首席协调，确保内容一致、文字通俗易懂。法国气象预警采用绿（无须特别警戒）、黄（提示关注）、橙（灾害性天气）、红（高灾害性天气）4种颜色表征，主要包括未来24小时之内是否有危害性天气侵袭某一个或某几个省份，每天2次（06:00，16:00）在网站上发布，突发灾害一般提前3小时发布。

法国气象局预警的灾害性天气现象有强风、暴雨、洪灾、暴风雨、大雪或冰冻、雪崩、酷暑及寒流等。法国公众获取气象信息的渠道包括网站、手机、电台、电视、报纸、电话等。

5. 日本

日本气象厅在可能发生重大灾害时及时发布警报。警报包括“何时、何地、何种灾害性天气”三要素，紧急情况下随时通过媒体播送。接到预警后，日本各级政府根据事先制定的区域防灾计划启动警戒机制和应急机制，进行防灾部署。通过预警机制，可以形成政府、社会团体、企业和志愿者等多种主体共同行动的防灾救灾应急机制，最大限度减轻灾害损失。

日本气象厅向灾害管理权威部门、各个社会经济部门和公众提供预警和减轻灾害的相关信息，这些信息通过中央/地方政府、私营部门（包括大众媒体）和日本气象厅网站等各种渠道发布。

日本的灾害警报不仅能自动打开民众家里的电视机、收音机，还针对有视觉、听觉障碍的人士开发了“信息无障碍”技术和设备，如供盲人使用的盲文互动触摸屏，以及可以将字幕转化为大字号或者高对比颜色的设备，或者将文本信息通过语音合成技术播报出来。日本广播公司（NHK）同时也开发了向有听力障碍的人提供实时信息的设备，这种设备利用语音识别技术可以将电视里的实时解说转化为文字显示在电视屏幕上。

（五）最不发达国家和小岛屿发展中国家早期预警系统建设情况

2024 年 6 月，WMO 发布《水文气象差距报告》，对全球 20 个最不发达国家和小岛屿发展中国家的国家水文气象预报情况进行了全面的评估分析。报告指出，目前，参与评估的 20 个国家水文气象部门都没有充分实施基于影响的预报，并普遍存在缺乏标准的预警程序，无法提供全天候的预警服务以及缺乏多灾种早期预警系统的问题。主要有 4 个方面的原因：一是观测基础设施薄弱。参加评估的国家水文气象部门都存在观测站网覆盖不全、大部分站点无法正常运行、设备维护困难等问题，尤其是自动气象站频繁出现数据质量问题。二是无法获取和共享基本大气和气候数据。当前仍存在较大的全球基本观测数据缺口，尤其是在非洲和太平洋岛屿国家。有限的技术资源和互联网连接限制了技术交流和发展。三是数据质量低，缺乏可用性和共享性。数据传输是一个重大挑战，在评估的 20 个国家中，普遍没有集中的自动化数据管理系统，也是信息和通信技术基础设施薄弱的表现。四是人力资源不足，没有足够的岗位人员和财政资金加大了水文气象差距。

报告指出，支持这些国家缩小水文气象差距对实现全民早期预警至关重要，需要国家政府和发展伙伴提供支持：一是实施可持续的、因地制宜的、具有成本效益的解决方案、流程和框架，包括缩小信息和通信技术差距；二是推动颁布法律，建立国家水文气象部门治理机制；三是在国家利益攸关方和服务使用者之间建立密切的跨部门和区域关系；四是建立专业知识框架，提供“量身定制”的服务，包括线下培训；五是支持区域技术合作框架。

中国篇

第六章　中国气象主要进展*

2023年，面对极端天气气候事件频发、信息技术不断更新迭代的全球发展形势，中国气象部门贯彻落实习近平总书记关于气象工作重要指示精神，大力推进气象科技能力现代化和社会服务现代化，推动气象高质量发展取得了积极进展，并为全球气象发展做出了重要贡献。

一、2023年中国气象主要进展

2023年是落实《气象高质量发展纲要（2022—2030年）》和实施“十四五”规划的关键一年。一年来，中国气象局党组再部署、再落实习近平总书记关于气象工作重要指示精神，100%的省级、市级和99%的县级政府出台气象高质量发展政策文件，凝聚起中国气象高质量发展的强大合力。

中国气象局党组在深入学习中国式现代化这一理论创新成果的基础上，谋划提出并大力推动全国各级气象部门以气象科技能力现代化和社会服务现代化为抓手，加快构建现代气象科技创新、业务、服务和管理体系，在实现“监测精密、预报精准、服务精细”的过程中，逐渐形成了递进式服务机制、高级别气象灾害预警叫应机制、“9119”工作法等一系列优秀理念和实践经验，为全球气象发展贡献了中国方案。

* 执笔人员：于丹　李萍　王喆　郝伊一　祁宁　吕丽莉

2023年度中国气象高质量发展十大进展

1.《气象高质量发展纲要（2022—2035年）》实施取得积极进展，气象发展水平较2022年提高4.8%。据评估，2023年中国气象高质量发展水平达80.3分，气象卫星、气象雷达、数值预报模式、新一代气象超算等基础能力有了新的提高，气象科技创新活力进一步增强，气象监测预报能力及服务水平明显提升。据统计调查，气象信息为公众挽回损失达5600亿元。

2. 成功发射两颗风云气象卫星，中国气象卫星监测体系更加完备，实现了"黎明、上午、下午、倾斜"四轨组网。截至2023年12月，中国共有9颗（4颗静止，5颗极轨）气象卫星在轨运行，全球气象卫星监测能力持续增强。

3. 数值天气预报精准能力和精细化水平显著提升，北半球可用预报天数首次稳定突破8天。中国气象局全球同化预报系统4.0（CMA-GFS4.0）业务运行良好。中尺度天气数值预报模式（CMA-MESO）有力支撑了重大灾害性天气过程、重大活动的气象保障服务。

4. 建成新一代气象超算系统，综合算力显著增强，总算力超过60 PFlops（每秒5.2亿亿次浮点运算），为自主研发地球系统数值预报模式、气象大模型等关键核心技术提供算力支持。

5. 全球智能数字预报产品体系向精细化、三维空间拓展，预报准确率平均提高4.6%。健全全球范围10千米、中国区域5千米、重点地区1千米的气象网格预报产品体系，新增雾、沙尘等14种预报产品。影响中国的台风24小时平均路径预报误差缩小至62千米，精准度达历史最佳。

6. 全国天气雷达探测覆盖率提升5.5%，冰雹等强对流天气监测预警能力进一步增强。天气雷达业务软件及产品性能进一步优化完善。气象灾害监测预警能力均持续提升，强对流天气预警信号平均提前43分钟。

7. 气象服务能力持续提升，2023年公众气象服务满意度达92.4分。“中国天气”网站（www.weather.com.cn）累计页面浏览量较2022年增长35%，达到397亿人次。国家预警信息发布中心全年发布预警信息42万条，公众覆盖率98.8%。气象与公安、交通部门联合开展218条恶劣天气高影响路段优化提升工作，据统计，优化路段因恶劣天气导致的交通事故同比下降约50%，综合效益达43亿元。

8. 气象科技与人才创新平台建设取得积极成效，显著激发创新活力。气象科研业务单位和行业高校、科研院所等58家单位共建全国气象科教融合创新联盟。联合地方政府在人工智能、空中云水资源开发、海洋气象等领域建设重大创新平台，气象创新体系进一步完善。气象科研人员数量和气象科研经费投入持续增长，全球碳源汇监测核校技术达到国际先进水平，获省部级科技奖项49项。新增中国工程院院士1人，1名专家、1个团队荣获首届国家工程师奖。组织成立全国气象专业学位研究生教育指导委员会，4所高校申请新增设置大气科学本科专业。

9. 人工影响天气作业影响面积约505万平方千米，人工增雨作业增加约 343 亿立方米。新建改造地面作业装备 1600 套，升级改造人工增雨飞机 5 架。2023 年，共开展地面人工影响天气作业 5.1 万次，飞机人工增雨（雪）作业 1391 架次。在人工防雹消雹、人工增雨抗旱、森林防灭火、改善生态环境、保障粮食安全等方面取得明显效益。

10. 基于北斗卫星导航的气象探空系统投入应用，大气垂直观测能力明显提高。探空系统中的高精度湿度芯片实现自主可控。新增 49 套地基遥感观测系统，形成温、湿、风、气溶胶等 24 小时连续大气垂直廓线观测能力，高空气象探测精度和智能化程度明显提升。

（一）气象综合观测

综合观测能力快速提升。2023 年，成功发射风云三号 G 星和 F 星，首次实现“黎明、上午、下午、倾斜”四轨组网。全国雷达 1 千米高度覆盖率达 43.6%。新增 49 套地基遥感垂直观测系统。新建 3754 套自动气象站，多要素自动气象站较 2012 年增加 3.8 万个。

观测业务质量效益稳步提升。2023 年，新版雷达拼图系统正式业务运行，全国雷达反射率因子偏差下降，定量估测降水产品准确率较上年提升 8%。组建天气雷达协同观测网，多观测模式试点建立预报员主导、人工自动结合的雷达观测模式。

核心观测技术研发应用取得新突破。2023 年，首次实现北斗平漂探空和大型无人机对台风协同观测，数据实时进入模式应用。长沙雷达标校中心业务运行，首次实现 S 波段业务雷达离站标校，多项标校精度达到世界先进水平。二氧化碳、甲烷国产观测装备研发试验成功。智能气象站原型系统完成设计。

观测数据治理大幅度提升。自 2017 年起，中国气象局按照国际标准化组织（ISO）和 WMO 质量管理框架（QMF）要求，在气象观测领域率先开展质量管理体系建设。经过试点、推广和全面建设三个阶段，2020 年 12 月，中国气象部门国、省、市、县四级观测领域的质量管理体系全面建成，并取得了 ISO 9001 认证证书，中国气象观测质量管理实现与国际接轨。2022 年，中国气象局组织编制《全球气象观测数据质量控制工作方案》；组织修订完成《中国气象局观测质量管理体系质量手册》，全国气象观测质量管理体系圆满再通过认证审核，新增 66 位国家级内审员；组织编制气象观测标准体系，梳理观测全流程标准 736 项。

（二）气象预报预测与信息化

数值预报核心技术研发取得新进展。2023 年，中国气象局全球同化预报系统 4.0 版（CMA-GFS4.0）实现业务运行，北半球可用预报天数首次稳定突破 8 天，较 2019 年延长 0.6 天，接近国际先进业务中心预报时效；研发完成下一代大气模式原型系统；中尺度天气数值预报模式（CMA-MESO）分辨率向 1 千米逐小时尺度迈进。

气象预报基础业务能力稳步提升。2023 年，智能网格预报继续向三维、全球拓展，新增了三维风、全球极端灾害性天气等多项产品。智能网格预报全国水平分辨率 5 千米、重点区域 1 千米，预报时效 10 天，24 小时内预报实现逐小时更新。强对流天气预警时间提前量达到 43 分钟，较 2019 年提高近 15%。台风 24 小时路径预报平均误差 62 千米，较 2019 年缩小了 13 千米，达到国际先进水平。月尺度气候预测准确率为 1981 年以来最高。实现提前 1 天预报逐小时天气、提前 3 ～ 7 天预报区域性暴雨、高温、寒潮过程，提前 3 ～ 4 周预测重大天气过程，提前 6 个月预测全球气候异常事件（如 ENSO）。

人工智能气象应用取得突破。2023 年，印发《人工智能气象应用工作方案（2023—2030 年）》和《人工智能气象预报大模型建设工作方案（2023—2025 年）》，明确了国家级和省级集约布局与“1+1+N”重点任务分工，指导全国有序开展模型应用与合作。中国气象局联合清华大学、复旦大学、上海科学智能研究院等单位，研制并发布基于国产数据、覆盖 0 ～ 60 天预报的人工智能气象大模型系统，临近预报大模型系统“风雷”的降水预报评分较现有业务提升 10% 以上；全球短中期预报大模型系统“风清”的全球可用预报天数达到 10.5 天；全球首个次季节—季节尺度气候预测大模型系统“风顺”，对热带关键系统的可用预测天数达到 32 天。发布全球 10 千米逐小时大气再分析产品等 12 种气象人工智能训练数据集。

数字孪生大气初具规模。“全球—区域—局地”一体化多圈层多要素实况业务基本建成，要素种类由地面拓展至海洋、陆地和三维大气，覆盖范围扩展至全球，分辨率提高至 1 千米，重点区域产品达到百米，最快时效 5 分钟。自主研发的全球大气和陆面再分析产品（CMA-RA）的时间分辨率提高至 1 小时，水平分辨率提高至 10 千米，重现了 1979 年以来从地面到 55 千米高度的全球三维大气状况。

数据服务能力显著提升。地球系统数据资源不断拓展，收集 11 类国内、9 类国外、10 个行业 260 种地球系统多圈层数据，气象数据资源存储总量超 75 PB。制定 42 项地球系统大数据分类、格式、存储等资源标准。实施“数据要素 × 气象服务”行动，开放共享 12 类 106 种气象数据和产品，向全球 132 个国家，全国 21 个行业、领域提供 12 PB 气象数据和产品。59 个高价值气象数据产品通过业务准入并提供应用。中国气象数据网较 2019 年新增用户 20.2 万个（图 6.1），用户总数突破 50 万个。

信息平台支撑集约高效。建成北京、西安、和林格尔三地五套新一代气象超算系统。通信网络水平年均增长 4.0%。建成“地面 + 移动互联 + 卫

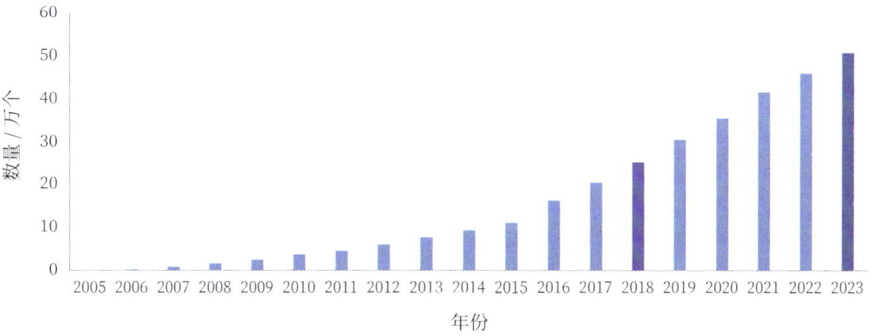

图 6.1　2005—2023 年中国气象数据网用户数

星”网络，国省地面广域网接入总带宽升至 21 Gbps。建立功能强大、集约开放的“云 + 端”技术体制，初步形成核心业务技术研发上收、应用服务下沉的集约化格局。气象大数据云平台持续升级，年访问量达到 305 亿次，平均响应耗时仅 0.3 秒。

（三）气象公共服务

筑牢气象防灾减灾第一道防线。2023 年，全力做好“23·7”京津冀强降水、台风“杜苏芮”“海葵”等重大天气预报预警，向中共中央、国务院报送决策材料 800 余期，获得批示 100 余人次。优化高级别气象灾害预警叫应机制，实现全国预警叫应业务化、透明化。全年各地预警叫应 29 万人次，为地方防灾避险赢得先机。做实递进式气象服务，健全以气象预警为先导的应急联动机制，实现省域全覆盖。联合工信部在 17 个省（自治区、直辖市）推广预警信息靶向发布技术，推动 21 个省（自治区、直辖市）完成预警信息发布系统与应急广播对接。组织重大天气“一过程一策”应急科普宣传，构建紧密的内外联动机制。联合人民日报和百度、头条、抖音等建立全国预警立体传播网，全年传播预警信息 295.8 万余条，送达逾 181.1 亿人次；全国气象预警信息发布公众覆盖率达 98.82%，平均送达时效为 4 分 16 秒。气象灾害综合风险普查全面收官，累计获取致灾因子信息 32 类共 664 万余条，实现普查成果在城市内涝预警模型、巨灾指数保险、气候可行性论证、人工影响天气作业站点布局等场景的融合应用。

气象部门因地制宜开展递进式气象服务

2023 年，中国气象局印发《递进式气象服务导则（试行）》，指导推进各级气象部门科学高效开展决策气象服务工作。

递进式气象服务是围绕高影响天气和气象灾害发生演进的不同阶段，从气象预报预测科学性、准确性实际出发，针对各级党委、政府防灾减灾不同需求，按照“时效逐步缩短、空间不断精准、内容更具针对性”的原则，基于无缝隙预报产品、精细化预警产品以及高密度实况产品开展的气象服务供给模式。服务对象一般为属地党委、政府和防灾减灾指挥部门。按照地方气象灾害防御需求，分级别、分区域精细化联动相关力量，使气象监测预报预警信息快速转化为各级政府和社会公众的防灾减灾行动力。递进式服务将灾害性天气过程作为一个系统，建立覆盖“灾前—临灾—灾中—灾后”全链条的服务。

其中，针对高级别气象预警或突发重大气象灾害，气象部门建立了“叫应”机制，向各级党委、政府领导及防汛部门主要负责人报告或通报天气情况和影响，在关键天气来临前增加一道更明确的提醒，为防灾减灾部署和人民群众避灾赢得先机。

目前，气象部门“6 小时预报、3 小时预警、1 小时叫应”的“631”递进式服务机制已融入地方防汛指挥调度、基层巡查防守、避险转移的各个环节。各地因地制宜形成特色服务模式，相关探索获得 WMO 的肯定和推广。

深圳市“31631”递进式服务模式。深圳市气象局在 2020 年开始实施“31631”递进式服务模式，按照提前 3 天、1 天、6 小时、3 小时、1 小时开展气象监测预报预警工作，滚动更新预报预警信息，向全市防灾责任人发布预报预警信息，向全市气象灾害防御重点单位、专业行业服务用户等单位发送短信，向全市显示屏投放台风预警信息。2021 年以后，该递进式服务模式列入国家发展和改革委员会推广借鉴深圳经济特区创新举措和经验做法条目，迅速在全国推广。目前，深圳市递进式服务模式已经精细至提前 3 天定量预测过程风雨，提前 1 天预报风雨落区和影响时段，提前 6 小时定位高风险区，提前 3 小时分区预警，提前 1 小时发布精细到街道的定量预报。

江西“631”风险预警工作机制。江西气象部门从 2017 年开始，持续构建以“省级 6 小时风险预警、市级 3 小时风险通报、县级 1 小时风险叫应”为核心的省、市、县 3 级联动的强降水“631”风险预警工作机制，有效切入各级党委、政府防汛减灾各环节。“631”机制基于“情报预报无缝融合、风险预警与影响服务同步结合”理念，强化跟踪监测、滚动预报、影响服务、风险预警。目前已推动江西省防汛抗旱指挥部印发并实施《强降水“631”风险预警应对工作机制（试行）》，各市、县印发实施细则，全省各级气象部门印发实施业务规范，为科学精准组织群众转移、最大限度减少人员伤亡筑牢第一道防线。

福建“1262”预警联动机制。福建省气象局以气象预警为先导的联动机制、“1262”气象防汛联动机制、部门联防联动和社会响应机制、临灾预警“叫应”联动机制为支撑，构建了以“1262”为标志的福建特色气象防灾减灾工作体系。在重要天气过程来临时，气象部门在提前5～10天发布重要天气过程预报、提前1～3天发布精准到县的预警信息基础上，提前12小时、6小时、2小时发布精细到乡镇的预警预报，与福建省政府防汛抗旱指挥部等开展常态化一日两次会商，完善不同灾种、不同影响程度、不同应急响应级别的服务标准，做到气象灾害早研判、早会商、早预警、早服务、早行动。同时，气象部门进一步完善预警“叫应”服务机制，强化预警指向性，建立直达基层防汛责任人的临灾预警“叫应”机制，强化高级别气象灾害预警“叫应”业务，做好“点对点”精准预报和滚动更新。

江山“网格＋气象”基层防灾减灾模式。浙江省江山市从2022年开始创建全国首个县域气象高质量发展试点，打造预警先导有效衔接的防灾减灾救灾全链条，探索气象融入基层治理体系的有益经验。江山市委、市政府高度重视，按照队伍融治、清单明责、考评促干、数字提效的思路，构建“网格＋气象”全方位融合工作体系，建立健全气象预警为先导，“县乡一体、条抓块统”的应急联动运行机制。气象部门上下贯通，将国省精细化、网格化监测预报产品纳入县级短时临近预报预警业务，构建本地分灾种、分时段“递进式”业务服务流程，实现预警精细到乡镇，监测到村社，实况通报到网格。建设“网格＋气象”防灾减灾应用一屏两端，县乡贯通运行。以数字信息流重塑预警、“叫应”、处置和督办流程。

赋能经济社会高质量发展。2023年，中国气象局面向25个部委建立新一轮气象服务台账，面向107家央企开展气象服务需求调研，明确48家央企气象服务牵头单位，推动组建专业气象服务联盟。联合农业农村部印发《气象为农服务提质增效行动方案》。全力做好春耕春播、夏收夏种等关键农时气象保障，持续面向新型农业经营主体和农机手提供直通式服务。联合科技部、中国科学技术协会，以“科技助力乡村振兴”为主题组织开展“千乡万村气象科普行”活动，走进 509 个市（区）、1513 个县、2667 个村，受众达 863 万人次。制定《国家级能源保供气象服务业务规范》，推动部委和企业服务用户增至 81 家。联合公安部、交通运输部优化升级 218 条恶劣天气高影响路段监测系统，新建共享交通气象站 188 个。“中国天然氧吧”“中国气候宜居城市（县）”“避暑旅游目的地”增至 409 个，开展全国气候可行性论证 986 项。构建了以网站、广播、电视、微信、微博、手机 App 等为载体的公共服务全媒体服务矩阵，关注人数超 5000 万。中国天气网全年浏览量超 397 亿人次；各类原创产品全媒体传播量 47.31 亿；省级气象影视节目共在 136 个省级频道上播出，每日节目总时长 588 分钟。组织开展“首席讲天气”“名家讲科普”等科普活动，全网总播放量达 5.7 亿次。气象科学知识普及率达 80.9%；公众气象服务满意度达 92.4 分（图 6.2），较 2012 年提高 5.5 分。

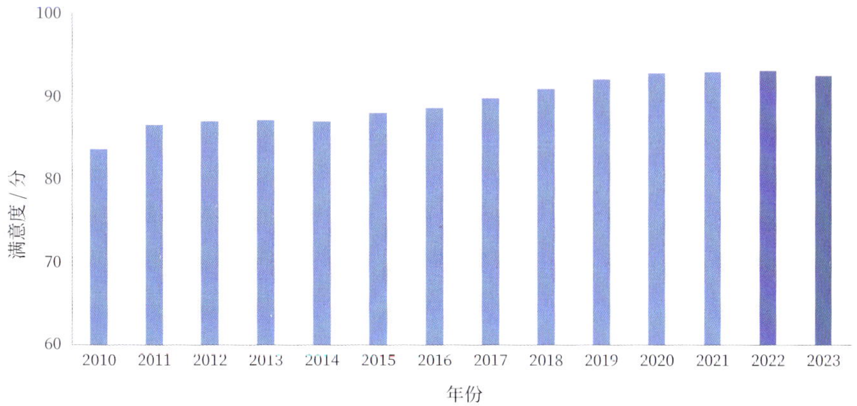

图 6.2　2010—2023 年公众气象服务满意度

（四）气象科技创新与人才队伍

科技资源配置更加优化。2023 年，中国气象局印发《气象科研项目谱系资源配置 2030 规划》，全链条梳理气象前沿基础研究、重大核心技术攻关、业务应用技术研发任务 1100 余项。各级气象部门争取地方财政和加大省级自有资源投入。气象联合基金续期倍增至 9000 万元 / 年，资助重点项目 28 项。争取国家科技计划重大项目 11 项，组织实施创新发展专项 94 项，能力提升联合研究专项 23 项，“揭榜挂帅”项目 45 项。公布 2023 年度科技成果评价结果，来自气象部门、高校、科研院所、社会企业等 68 个单位的 210 项成果参与评价。气象科技产出成果获省部级科技奖项、全国行业学会协会奖项新增 49 项，取得专利授权 778 项，在业务中成熟应用的成果达 805 项，省部级以上科技奖项累计达到 9651 项，较 2012 年增加 479 项（图 6.3）。

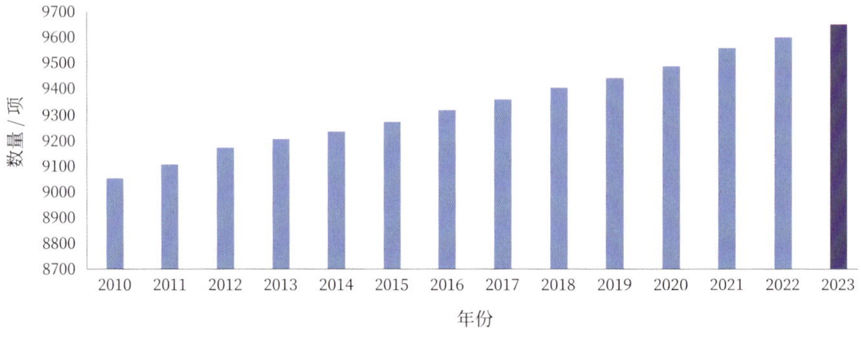

图 6.3　2010—2023 年气象部门获省部级以上科技奖励成果累计总数（自 1981 年起累计）

出台深化科研立项评审、科技成果评价、科研机构平台与人才团队评估改革的实施意见，成立粤港澳大湾区气象研究院、新疆空中云水资源开发利用创新研究院、全国暴雨研究中心等创新平台。中国气象科学研究院被纳入全国首批 14 家使命导向管理改革试点。中国气象局批准新建的 9 个部级重点实验室全部挂牌。2023 年 3 月，中国气象局党组印发《中国气象局关于加强新时代新征程局校合作工作的指导意见》，从打造科技创新协同新模式、健全气象人才联合培养新机制、探索局校合作工作新实践等方面提出 12 项工作举措。召开局校合作工作会议，宣讲解读指导意见，共商深化局校合作的任务举措。2023 年 4 月，联合 30 多所高校、科研院所和企业成立全国气象科教融合创新联盟。一年来，依托高校新建部级重点实验室 6 个、局校合作联合研究中心 1 个，共建的科技创新平台已达 20 个，129 项高校科研成果在业务中转化应用，以成立全国气象专业学位研究生教育指导委员会为重要发展契机，推动气象专业学科建设发展，激活气象科技的创新生态。建立新一代 5 千米分辨率区域气候变化预估产品集，建成 120 个温室气体观测站点，全球碳源汇监测核校技术达到国际先进水平，尺度最小可达千米级。

人才队伍体制机制进一步完善。2023 年，制修订《气象“十百千”高层次人才支持计划实施办法》《中国气象局重大业务工程负责人员管理办法》《中国气象局专家访问进修管理办法》，着力健全气象人才培养使用政策体系。完善人才源头培养机制，组织成立全国气象专业学位研究生教育指导委员会，积极推动更多高校开展气象专业学生培养。努力破解基层进人难、留人难问题，在人社部支持下制定出台指导意见，将职称“定向评价—定向使用”政策实施范围拓展到所有艰苦台站。气象人才队伍本科及以上比例达到 91.9%，其中研究生比例 22.8%，分别较 2012 年提升 28.5%、13.5%。气象部门正高级专家突破 2100 人，专技二级岗专家突破 210 人，获副高级以上职称人数比例为 27.4%，较 2012 年增长 13.3%（图 6.4）。联合教育部设立“一带一路”气象访问学者项目，首批录取 9 名海外学者来华进修。

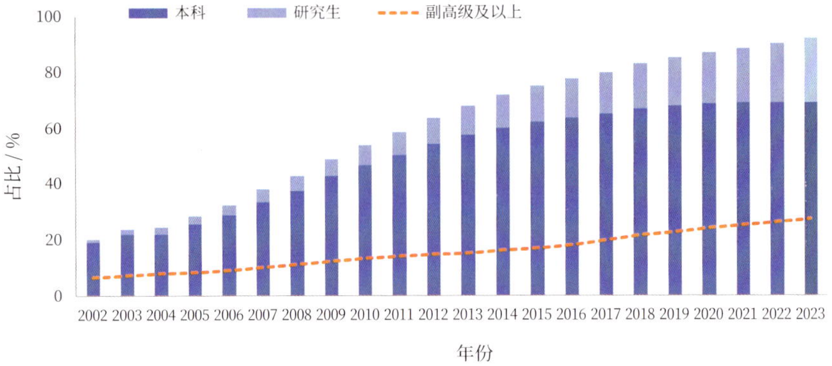

图 6.4 2002—2023 年全国气象部门本科及以上学历和副高级及以上职称占比

（五）气象法治与文化建设

气象法律法规体系更加完备。构建形成了以《中华人民共和国气象法》（以下简称《气象法》）为主体，3 部行政法规、19 部部门规章以及 302 部地方性法规和地方政府规章构成的气象法律法规体系。2023 年，《气象法》（修改）列入《十四届全国人大常委会立法规划》二类项目。组织 3 部部门规章制修订，全年制修订 30 部地方性气象法规和规章。出台《中国气象局立法工作程序规定》《气象行政处罚裁量权基准》和《气象行政处罚裁量权管理办法》。首次向社会公布气象领域五大典型执法案例。组织完成“八五”普法中期检查评估。

气象标准体系更加优化。2023 年，发布气象国家标准 10 项、行业标准 55 项、地方标准 205 项、团体标准 10 项；2000—2023 年累计发布气象国标和行标分别为 235 项和 712 项。制定《支撑气象高质量发展标准体系建设指导意见》，编制支撑气象高质量发展标准体系框架。推动暴雨预报预警服务、气象生态价值实现核算、导航气象服务、气象产业分类等指令性标准制修订。推动将大气成分、风能太阳能、农业（生态）气象等纳入《碳达峰碳中和标准体系建设指南》体系规划。

气象文化建设持续推进。近年来，中国气象局采取多种举措大力推动气象文化建设，包括建立“世界气象日”“千乡万村气象科普行”“气象科技活动周”等特色气象文化品牌，加强气象博物馆、气象科普公园、示范校园气象站等科普基地建设，开展云阅读、云看展、云讲解等线上科普交流活动，创作“山河万象气象文化丛书”、《碳中和名家大讲堂》等气象文化精品，以及创建“清廉气象”品牌等。2023 年，中国气象局党组出台《新时代推进气象文化建设的若干措施》，明确了 5 方面 18 项重点任务，就强化意识形态工作责任制、思想政治引领、宣传科普、媒体阵地管理、提升气象国际传播能力和影响力等提出具体安排，要求在气象管理与服务过程中体现更为深厚、持久、系统的气象文化。2024 年 4 月，中国气象局党组印发《2024 年气象文化建设行动方案》，明确重点开展气象文化传承、弘扬、培植、传播四项行动，对做好气象文化建设，深化“人民至上、生命至上”主题实践活动，提升气象科普能力提出了明确要求。气象部门基层党组织政治功能和组织功能进一步增强，全国气象部门共获评全国文明单位 198 个、省级文明单位 1290 个，文明单位总数较 2022 年新增 76 个，较 2012 年增加 496 个（图 6.5）；获批 40 个中央和国家机关“四强”党支部，获评“全国巾帼文明岗”“全国工人先锋号”“两优一先”等省部级

图 6.5　2002—2023 年全国气象系统省级以上文明单位数量

以上荣誉称号 169 项。党对群众和青年工作的领导不断加强，首次与全国总工会联合举办行业技能竞赛，与中国农林水利气象工会联合命名示范性劳模和专家人才创新工作室 27 个；青年干部培养提升工程启动实施，选用首批 12 名青年专家下基层服务锻炼，为青年人才成长搭建舞台、提供机会；

“9119”工作法和“三动”工作机制为气象国际合作提供中国经验

2023 年，中国气象局党组总结凝练提出以“9119”工作法抓贯彻、以实物工作量理念抓落实的工作要求。“9119”工作法是一种重调研、抓落实的工作方法，体现 90% 调研、10% 决策，一分部署、九分落实的内涵，彰显了战略思维、辩证思维、系统思维和创新思维。

“主动、互动、联动”（以下简称“三动”）是中国气象部门近年来倡导的工作机制。“三动”机制的建立与完善，是由气象服务的公共性、专业性、广泛性决定的，也是气象部门长期实践的经验总结。“三动”机制既是思想方法、工作方法，也是领导方法、管理方法，是马克思主义唯物辩证法的灵活运用，体现了唯物辩证法的联系观、发展观、实践观和矛盾观。精彩纷呈的杭州亚运会得益于出色的气象服务保障，而保障这一出色气象服务的背后便是“三动”机制。

目前，介绍中国气象“9119”工作法和“三动”工作机制的文章已在 WMO 双月刊《气象世界》（*Meteo World*）刊发，并受到了 WMO 及其会员的广泛关注，为全球气象界特别是发展中国家气象部门提供了重要借鉴。

出台《中国气象局直属机关青年理论学习小组学习规则》《中国气象局直属机关青年标兵评选表彰办法》。

二、中国对全球气象发展的主要贡献

2023年，气象部门首次举办中国—阿拉伯国家气象高质量发展合作论坛，与阿联酋气象局签署双边协议，开创中国—阿拉伯气象合作新局面；共同签署《中国气象局与所罗门群岛环境、气候变化、灾害管理和气象部气象合作谅解备忘录》，中国—南太平洋岛国气象合作取得新突破；持续升级风云气象卫星服务，努力提升面向全球的气象业务能力，在全球气象治理、气象保障“一带一路”建设（详见本书第八章）、双边科技交流等领域取得积极进展。

（一）全方位参与全球气象治理

1.深度参与国际组织治理

2023年，中国气象局持续参与推动WMO改革，提出“WMO业务中心从数据提供向应用服务转型”“显著提升发展中国家在WMO技术委员会管理层的占比”“将AI作为WMO 2024—2027年战略方向，让无法负担算力的发展中国家受益”等多项倡议。

积极参与IPCC科学评估，推进IPCC AR6工作组报告、特别报告、综合报告编写，提交数千条中国政府和专家意见，发挥建设性作用。在《联合国气候变化框架公约》第28次缔约方大会（COP28）期间，联动相关部门为应对气候变化中国行动积极发声。牵头发起WMO多模式集成、AI短时临近预警、超大城市智慧气象服务公私合作等示范项目，培育新赛道引领国际气象创新。

深入参与 WMO 技术治理。中国专家在 WMO 执行理事会、联合国政府间气候变化专门委员会（IPCC）担任重要职位。成功将北斗导航、三段式探空技术等中国方案写入世界气象大会和技术委员会等重要会议决议中。加强国际合作队伍建设，建立首批国际人才储备库。与国家留学基金委联合开展新一轮 WMO 初级专业人员遴选。开展 WMO 兼职专家履职评优，将国际合作纳入高级人才职称评审项。

着力提升观测领域国际治理能力。推荐和支持观测领域多名专家加入 WMO 相关技术组，中国专家成功担任 WMO 测量、仪器和可追溯常设委员会（SC-MINT）联合副主席并入选基础设施委员会（INFCOM）管理组。推荐专家加入 INFCOM 核心专家组。成功将北斗导航、三段式探空技术、百年站文化建设、卫星中心建设等重要中国方案写入世界气象大会和技术委员会等重要会议决议中。参加 2024 年 WMO 气象与环境仪器和观测方法技术会议（TECO – 2024），举办中国气象综合观测展，入选 12 个技术报告，创下历年新高。

2. 创新提出全民早期预警中国方案

积极推动实施联合国早期预警倡议。提出“政府主导、预警先行、部门联动、社会参与”的中国方案，共享中国早期预警良好实践案例，“递进式气象服务”“高级别预警叫应”等有效做法获多国热烈反响。充分发挥风云气象卫星和世界气象中心（北京）等国际中心的全球监测、全球预报、全球服务能力，为全球提供服务。正在采用“云 + 端”技术理念与巴基斯坦、埃塞俄比亚、蒙古国等国联合开发适合在发展中国家推广使用的云端早期预警系统和城市多灾种早期预警工具箱，未来将向其他国家推广，帮助发展中国家弥合与发达国家在算力、技术和数据等方面的数字鸿沟。加强部门联动，中国气象局与 WMO、生态环境部共同签署关于支持开展全民早期预警倡议的三方合作协议。牵头承担 WMO 亚洲多灾种早期预警系统项目，建成亚洲多灾种预警系统（GMAS-A）并投入使用，已接入阿富汗、印度、伊朗、科威特、蒙古国、缅甸、阿曼、沙特阿拉伯、泰国、俄罗斯等13个国家的警报信息。

3. 积极参与应对气候变化国际合作

中国在推进大国气候合作中发挥了重要作用。2023年，在《联合国气候变化框架公约》第28次缔约方大会（COP28）“中国角”主办“加强早期预警 提升气候变化适应能力”和“中国城市适应气候变化策略与实践”等边会，与国际社会分享中国适应气候变化的政策和行动经验[①]。

中美发表《中美关于加强合作应对气候危机的阳光之乡声明》，有力推进了全球气候治理进程。中欧环境与气候高层对话表示要共建公平合理、合作共赢的全球气候治理体系，携手应对全球环境与气候挑战。与英国驻华大使馆召开“中英气候变化风险评估合作”研讨会，就应对气候风险方面的有益实践进行交流讨论。与全球适应中心（GCA）合作开展支持中国气候适应型城市建设试点项目，支持中国提升城市适应气候变化能力。与德国开展“低碳和韧性城市综合城市气候行动”项目，为气候变化背景下的低碳和韧性城市建设提供助力[②]。

截至2023年6月底，中国共与39个发展中国家签署46份气候变化南南合作文件，包括建设3个低碳示范区及开展70余个减缓和适应气候变化项目[③]。

4. 与国际组织和发达国家相关机构保持稳定合作

2023年，中国气象局积极推动与欧洲中期天气预报中心和欧洲气象卫星开发组织的人员互访，并努力开辟AI技术应用等合作新赛道。中英气候

---

① 资料来源：生态环境部.《中国适应气候变化进展报告（2023）》，2024年5月。
② 资料来源：生态环境部.《中国适应气候变化进展报告（2023）》，2024年5月。
③ 资料来源：生态环境部.《中国应对气候变化的政策与行动2023年度报告》，2023年10月。

科学支持服务伙伴关系在极端气候监测、气候服务、粮食安全等多领域合作项目近 20 个，发表文章 500 余篇。通过数值预报和风云气象卫星发展国际咨询委员会继续与美国等气象科学界保持交流与合作，美国气象学家珀多姆获 2023 年中国政府友谊奖。与美、英、德等国气象部门联合发起 WMO 人工智能临近预报示范项目。

5. 持续推动国际气象培训

WMO 北京和南京区域培训中心通过线下线上方式培训发展中国家专家和官员 3600 余人次[①]，内容涉及风云气象卫星、气候变化、防灾减灾、航空气象等。北京区域培训中心连续 3 年成为全球培训量最大的区域培训中心。世界气象中心（北京）粤港澳大湾区分中心建成启用并举办了首期国际培训班，来自 33 个国家的气象高级别人员参加培训，有力支持海上丝绸之路沿线国家气象防灾减灾能力建设。

（二）持续提升面向全球的气象业务能力

1. 气象观测领域的国际合作

以全球 / 区域中心为抓手，牵头实施国际计划。承担全球气候观测系统地面基准网牵头中心（GSRN–LC），推进全球地面基准观测站网建设。积极参与 WMO 长期站申报和认证工作，杭州、海拉尔和蚌埠三站获得 WMO 百年气象站认定，共 18 个站获选世界百年气象站，8 个站获选世界 75 年气象站。成功举办 WMO 全球综合观测系统（WIGOS）二区协实施研讨会和 WMO 二区协基础设施工作组第 15 次会议。

持续升级风云气象卫星服务。截至 2024 年 3 月，研发风云地球国际版，用户涵盖全部 22 个阿拉伯联盟国家；发布全球卫星遥感监测报告 200 余期，

① 资料来源：中国气象局 .《2023 年全国气象高质量发展评估报告》，2024 年 4 月。

为莫桑比克热带气旋“伊代”、乌兹别克斯坦水库溃坝、汤加火山喷发、印度尼西亚二十国集团（G20）峰会等重大事件提供遥感监测服务；举办3次风云气象卫星国际用户大会和首期风云气象卫星数据应用国际大赛。风云气象卫星服务国家和地区增至132个，风云气象卫星国际应急服务机制的注册国家增至34个，响应国际应急服务请求100余次。中国气象局承担的国际民航组织全球空间天气中心按期履行每年50余天国际轮值任务，保障了190多个国家的民航安全。

积极推进气象观测国际合作。在影响中国天气系统上游的蒙古国、老挝、巴基斯坦等国推动三段式探空技术写入《WMO观测系统高级别指南》。WIGOS区域中心为28个亚洲国家提供观测系统质量监视和评估。新疆维吾尔自治区气象局与中国海外港口控股有限公司合作，在中巴经济走廊出海口瓜达尔港建设自动气象站和北斗探空系统。中国气象企业中标10余个国际项目。

2. 面向全球提升气象预报能力

2023年，持续提升世界气象中心（北京）国际影响力，提供全球10千米分辨率网格分析预报、中国第一代全球再分析和全球台风监测预报等产品；研发从短时临近预警、中短期预报到次季节至季节预测的系列气象预报AI大模型；开展全球30多次灾害性天气过程的预报服务，覆盖28个国家和地区，制作材料55期，数量创新高。

持续推进WMO新一代信息系统WIS 2.0实施，建立了全球消息枢纽、全球发现目录和全球缓存服务，连接全球56个节点，为全球气象数据交换做出重要贡献。2023年，向17个国家、地区和组织共享气象数据约186 TB。

3. 面向全球提供气象服务

打造中国—东盟气象合作论坛、中国—阿拉伯国家气象合作论坛、中亚气象合作论坛及东北亚气象科技研讨会等主场活动品牌，巩固周边合作。针对到访国精心策划中国优势气象科技推介，人工影响天气技术和装备、AI气象应用、“超算+区域数值模式”融合服务等成为中东、南亚、东盟各国与中国合作的优先领域。在中国—阿拉伯国家博览会上首次举办气象高质量发展合作论坛，中国气象局与阿联酋气象局签署双边协议，与沙特阿拉伯气象局、海湾国家合作委员会完成合作协议文本磋商。中国和阿拉伯国家明确在人工增雨、AI气象应用、沙尘暴预警等领域广泛合作，初步商定每年在中国和阿拉伯国家轮流举办专题研讨会。中国专家应邀首赴海外保障太平洋运动会并获成功。

截至2023年，连续19年举办亚洲区域气候监测预测和评估论坛。在澜湄合作框架下，国家气象中心牵头研发澜湄流域气象综合服务共享平台，云南省气象部门与南欧江发电公司合作，为缅甸、老挝等国7个流域15个梯次水电站提供气象服务。

第七章　中国国际气象中心建设主要进展*

作为 WMO 会员之一，中国为全球气象发展做出了重大贡献。中国承担的以世界气象中心（北京）为代表的 30 个国际气象中心已经成为广受欢迎的国际公共产品，牵头构建的气象综合应用开放平台、风云气象卫星应用、数值预报国际创新平台等对全球气象科技创新和业务发展产生了重大影响。

一、中国国际气象中心概况

（一）国际气象中心简况

中国是 WMO、政府间气候变化专门委员会、国际地球观测组织等国际组织的创始会员或成员国。截至 2023 年，中国气象部门和相关高校等共承担 WMO29 个国际气象中心的职能（表 7.1）。其中，中国气象局承担包括世界气象中心（北京）在内的 26 个国际气象中心；南京信息工程大学承担区域培训中心（RTC-Nanjing）、台风委员会培训中心；国家海洋标准计量中心承担区域海洋仪器中心；国家海洋信息中心承担海洋气象和海洋气候资料中心。

多年来，中国气象局通过集聚不同职能的业务科技中心，逐步成为世界气象科技创新基地，极大提升了中国全球气象业务服务能力，中国在国

* 执笔人员：吕丽莉　祁宁　郝伊一　张滨冰　周勇　王喆

际气象组织中的地位和影响力显著提升，为 WMO 推动全球气象科技发展和促进全球气候治理做出了中国贡献。

表 7.1 中国气象部门和相关机构承担的国际气象中心

序号	国际 / 区域中心 / 办公室	负责单位
1	世界气象中心（WMC）	国家气象中心（中央气象台）
2	北京区域专业气象中心（RSMC）	
3	面向核环境应急响应的区域专业气象中心（RSMC-NEEA）	
4	专事大气沙尘暴预报的区域专业气象中心（RSMC-ASDF）	
5	国家气象中心资料收集或制作中心（DCPC-NMC）	
6	面向海洋气象服务的区域专业气象中心（RSMC-MMS）	
7	区域气候中心（RCC）	国家气候中心
8	第三极区域气候中心（TPRCC）	
9	国家气候中心资料收集或制作中心（DCPC-NCC）	
10	全球长期预报制作中心（GPC）	
11	亚洲极端天气气候事件监测评估中心（CEEMA）	
12	东亚季风活动中心（EAMAC）	
13	亚洲高山地区区域气候中心（RCC-HMA）	
14	中俄联合体全球空间天气中心（中国）（CRC(China)）	国家卫星气象中心
15	全球信息系统中心（GISC）	国家气象信息中心
16	国家气象信息中心资料收集或制作中心（DCPC-NMIC）	
17	区域电信枢纽（RTH）	
18	次季节到季节预测项目（S2S）归档中心	
19	全球交互式预报系统（TIGGE）归档中心	
20	世界数据中心气象学科中国中心（WDC-D(M)）	
21	区域仪器中心（北京）（RIC-Beijing）	中国气象局气象探测中心
22	WMO 全球综合观测系统区域中心（北京）（WIGOS 区域中心）	
23	高影响天气项目办公室（HIWeather）	中国气象科学研究院
24	亚洲多灾种预警系统（GMAS-A）	中国气象局公共气象服务中心
25	区域培训中心（北京）（RTC-Beijing）	中国气象局气象干部培训学院

续表

序号	国际 / 区域中心 / 办公室	负责单位
26	区域培训中心（南京）（RTC-Nanjing）	南京信息工程大学
27	台风委员会培训中心（TCTC）	
28	区域海洋仪器中心（RMIC）	国家海洋标准计量中心
29	海洋气象和海洋气候资料中心（CMOC）	国家海洋信息中心

（二）世界气象中心（北京）建设进展

根据 WMO《全球资料加工和预报系统手册》规定，目前全球气象业务预报系统由世界气象中心、地区专业气象中心和国家气象中心三层结构组成。2017 年，在 WMO 执行理事会第 69 次届会上，中国气象局被正式认定为世界气象中心。世界气象中心（北京）自成立以来，中国气象局采取一系列措施，推进世界气象中心（北京）高质量发展。

一是把世界气象中心（北京）发展纳入气象“十四五”相关规划。面向无缝隙全球资料加工和预报系统（S/GDPFS）对世界气象中心的发展要求，着眼世界气象中心（北京）“全球监测、全球预报、全球服务”核心业务能力提升，将世界气象中心（北京）未来 5 年发展重点纳入气象“十四五”相关规划。

二是推进世界气象中心（北京）业务能力建设。开展全球极端天气监测业务试运行；提升全球数值预报预测模式分辨率和可用预报时效，提高对全球极端事件的数值预报能力，加强次季节—季节预测能力及业务应用；加强全球气象业务实时数据收集与共享能力，进一步丰富业务产品；优化全球智能网格预报技术，提升分辨率常规要素全球网格预报产品性能；提升网站服务水平，按需发布全球极端灾害性天气监测预报英文报告；开展“一带一路”灾害性天气监测及影响评估，研发基于影响的全球灾害分析系统。

三是进一步提升对“一带一路”欠发达地区的支持能力。推动建立“一带一路”欠发达国家极端天气区域联防会商机制；提升对亚洲区域重点用户的服务能力，完善“一带一路”气象服务专网；加强特色气象国际培训。

四是推动世界气象中心（北京）参与国际活动。积极参与 WMO 地球预报系统领域相关活动；联合多国开展热带气旋预报预警技术研发和应用示范研究，继续实施 WMO 华南季风强降水试验，积极参与中国气象对外援助项目；推动 WIGOS 区域中心（北京）、世界气象中心（北京）粤港澳大湾区分中心建设。

五是提升世界气象中心（北京）运行保障能力。强化世界气象中心（北京）运行管理，持续完善业务运行规范，推动业务准入实施，进一步丰富业务体系；积极参加国家、部委以及国际组织相关的计划、项目；提高履职能力，提升在国际组织和区域内的影响力。

2023 年，世界气象中心（北京）粤港澳大湾区分中心（以下简称“分中心”）正式成立。分中心是全球首个世界气象中心分中心，是贯彻落实粤港澳大湾区建设重大国家战略的举措之一，将为世界气象中心（北京）服务的葡语系国家、海上丝绸之路共建国家和地区提供全方位的气象预报预测服务，助力粤港澳大湾区发挥全球气象业务“桥头堡”作用。

目前，世界气象中心（北京）基本形成了“全球监测、全球预报、全球服务”核心业务能力和“大网络”工作机制，全球指导产品更加丰富，国际培训和业务交流进一步拓展，服务“一带一路”建设成效显著。特别是积极参加 WMO 等多边框架下国际交流活动，在全球气象治理中发挥了重要作用。

二、中国国际气象中心履职评价

2023 年，基于《中国气象局国际中心履职评价管理办法（试行）》（气外函〔2023〕190 号）开展了中国气象局承担的 8 个国际中心的履职评价。

（一）国际气象中心履职综合评价

综合评价的对象主要是世界气象中心（北京）（以下简称“世界气象中心”）、专事大气沙尘暴预报的区域专业气象中心（以下简称“沙尘预警中心”）、中俄联合体全球空间天气中心（以下简称“空间天气中心”）、区域气候中心、第三极区域气候中心、全球信息系统中心（含区域电信枢纽）、WMO全球综合观测系统区域中心（北京）（以下简称“WIGOS区域中心”）、区域培训中心等8个国际气象中心的履职能力。

评价结果显示，2023年，8个国际气象中心在满足WMO技术规范要求的同时，高质量完成WMO规定职责和服务产品的自主研发，统筹各方力量推进“全球监测、全球预报、全球服务”发展，取得了显著的履职成效，为服务全球经济活动、保障“一带一路”建设和构建人类命运共同体提供了积极有效的气象保障。

（二）国际气象中心履职分项评价

分项评价主要从系统规划水平、全球业务能力、国际服务能力、支撑保障水平四个方面评价2023年国际气象中心的履职能力。

1. 系统规划水平

系统规划水平主要反映国际气象中心在年度任务计划制定、落实和推进等方面的表现，包括总体谋划和系统思维两个方面。

（1）总体谋划

通过制订中长期计划明确年度重点任务，有效保障了气象业务发展计划的执行。8个中心均自主制定了3～5年中长期计划或将计划纳入到相关方案中，并通过召开年度工作会明确了年度重点任务，从而能够在政策层面较好地保障长期计划的执行。如全球信息系统中心谋划了3～5年中长期目标，并将其纳入《国家气象信息中心高质量发展实施方案》，印发《2023年北京全球信息系统中心和北京区域通信枢纽年度工作计划》；WIGOS 区域中心将相关国际业务作为气象探测中心的九大业务之一，写入《中国气象局气象探测中心业务管理办法》；区域气候中心对标国际先进水平制定了《全球气候业务能力提升实施方案（2023—2025 年）》；沙尘预警中心面向周边地区特殊的服务需求，积极承担总体职责，健全运行管理制度，谋划推动自身整体发展。

（2）系统思维

通过紧密衔接世界气象中心年度目标、及时跟进国际动态，确保了国际气象中心工作的系统性与灵活性。8 个中心均制定了紧密衔接世界气象中心整体年度目标的年度工作计划，具备较好的目标一致性，并且各中心重点工作的时间节点、执行进度与世界气象中心整体年度计划中的时间安排基本吻合，如全球信息系统中心、区域气候中心在 11 月底前已完成年度重点工作任务。8 个中心均安排专人及时掌握 WMO 和其他相关组织机构的最新动态，并根据情况及时调整工作计划，如区域气候中心兼职专家根据 WMO 会议要求及时推动中心调整业务产品标准，全球信息系统中心技术团队及时响应 WIS/GTS 业务技术规则调整，区域培训中心技术团队基于最新需求及时更新产品研发等。

2. 全球业务能力

全球业务能力的评价主要包括业务规范、规定产品、自主产品、检验评估、国际治理等方面，评价结果主要反映国际气象中心在全球预报预测、数据交换、产品研发、业务平台建设等方面取得的成效。

结果显示，国际气象中心通过建立国际业务规范、研发业务产品、积极参与国际治理等多项举措，在全球信息服务、区域协作、空间天气服务、气候监测预测、沙尘预警、国际培训等多方面做出了积极贡献，得到了国际社会的认可和尊重，进一步加强和提升了中国在全球气象服务领域的影响力。

（1）业务规范

通过建立业务运行规范、组织相关培训、进行定期检查监督，有效提升了业务执行能力。8个中心依据自身业务特色与要求建立了相应的业务运行规范，并为员工提供了2～6次不等的业务运行规范相关培训。部分中心针对业务规范的执行情况定期开展检查监督，并基于检查反馈及时更新调整业务运行规范。例如，全球信息系统中心基于定期检查和监督反馈结果更新了WMO WIS手册、GTS手册、代码手册等；区域培训中心向WMO提交自评估报告1期，并根据培训情况灵活调整国际培训课程规范。

（2）规定产品

通过提供高质稳定的业务产品，不断强化国际贡献。8个国际气象中心的业务产品质量都达到较高水平，业务稳定性较好，产品的数量、质量和实际更新频次都能满足WMO的要求。例如，世界气象中心业务运行全球同化预报系统4.0版本，模式水平分辨率提升至12.5千米，北半球可用预报天数首次稳定突破8天，智能网格预报向三维、全球拓展；全球信息系统中心全年7×24小时准确及时地收集和提供WMO规定的7个大类233个子类产品，气象数据资源访问量约3.8亿次，全年服务数据量超过6 PB，积极参与WIS 2.0设计实施，多次受到WMO秘书处好评；区域培训中心全年组织完成8期中国气象局重点国际培训班，累计培训国际学员2599人次，深获学员好评，得到WMO会员服务和发展司的高度肯定；WIGOS区域中心定期发布业务运行报告及异常事件管理清单，助力提升二区协整体综合观测数据质量，获WMO赞赏和感谢；空间天气中心搭建了面向ICAO全球空间天气中心服务的综合应用平台，为全球民航提供了高质量服务。

（3）自主产品

通过积极培育具有高影响力的自主产品，不断提高产品研发能力。8个国际气象中心的自主产品业务稳定性较好，能够基于自身产品特性规律更新。例如，WIGOS 区域中心研发完成 14 类产品，在提升二区协整体综合观测数据质量方面做出了重大贡献；全球信息系统中心面向全球天气监测需求自主研发 6 类业务产品，其中全球逐日海冰密集度融合 CODAS 实况分析产品获评中国气象局高价值气象数据产品；空间天气中心组建了中国第一代空间天气数值预报系统的“国家队”，搭建了业务平台和中试平台，实现了部分模式的工程化改造并稳定输出业务产品；世界气象中心积极推进 WMO 台风预报联合检验中心申报、WMO 综合处理预报系统“多模式集成预报及应用”试点项目立项，推进 WMO 基于人工智能的临近预报研究项目建立。

（4）检验评估

初步建立质量检验评估体系，有效提升了全球气象业务或服务质量。8 个中心均建立了全球气象业务或服务质量检验评估体系，评估流程明确且易执行，并且能够基于新技术发展适时调整和更新评估技术方法。例如，区域气候中心检验评估产品在亚洲区域气候监测预测和评估论坛（FOCRAII）交流中多次展示，并得到各国气候预测技术人员的充分肯定；WIGOS 区域中心及时发布检测到的异常站点事件清单，协助解决韩国等异常站点问题等。

（5）国际治理

通过积极参与国际规则制定与国际活动，在国际气象治理中发挥日益重要的作用。8 个国际气象中心均参与了相关领域国际规则、标准、规范、国际决议、指导性文件等的制定，少数能够引领相关规则的制定。在国际活动中，中国气象专家积极主动参与国际治理的各类议题，在核心岗位发挥更大作用。中国候选人成功当选 WMO 执行理事会成员、联合国政府间气候变化专门委员会第一工作组联合主席、台风委员会秘书长等；中国在国际组织中兼职的专家担任多个有关机构的主席、工作组组长、委员会成员等。

3. 国际服务能力

国际服务能力主要包括服务渠道、交流服务、用户反馈、协同推进等方面，评价结果主要反映国际气象中心通过多种渠道和服务平台为全球用户提供产品服务方面的表现。结果显示，国际气象中心通过英文网站、论坛、中国气象局卫星数据广播系统（CMACast）等多元化渠道提供服务，持续优化网站功能，建立反馈机制，提升用户体验和满意度。通过坚持“请进来”与“走出去”相结合，深化了与中外组织的合作，强化了气象产品或服务的国际应用，提高了国际气象服务水平。

（1）服务渠道

通过拓展和优化多元化服务渠道，改善国际用户使用体验。2023 年，国际气象中心英文网站总访问量持续上升，但不同国际气象中心存在一定差距（表 7.2）。在总访问量方面，第三极区域气候中心、全球信息系统中心、空间天气中心居前 3，均超过 100 万人次；在 IP 来访国家和地区数量方面，

表 7.2　2023 年 8 个国际气象中心网站访问量对比

序号	国际气象中心	总访问量 / 万人次	IP 来访国家和地区 / 个	国内 IP 用户占总点击量比例 /%	其他国家和地区 IP 用户占总点击量比例 /%	点击量排名靠前的国家和地区
1	世界气象中心	47.7	128	91.7	8.3	巴西、美国、日本
2	沙尘预警中心	18	81	84.9	15.1	印度、韩国、美国
3	空间天气中心	109.5	170	84.6	15.4	美国、加拿大、英国
4	区域气候中心	82	150	65.8	34.2	美国、德国、法国
5	第三极区域气候中心	180	20	75.0	25.0	美国、德国、法国
6	全球信息系统中心	166	110	79.5	20.5	美国、法国、新加坡
7	区域培训中心	20	112	—	—	—

注：— 表示缺少统计数据；WIGOS 区域中心英文网站正在建设中，尚无统计数据；国内 IP 用户不包含港澳台。

空间天气中心、区域气候中心、世界气象中心居前3；总体来看，经常访问国际气象中心网站的国际用户主要来自美国、德国、法国、日本等。为优化网站服务能力，区域气候中心与区域培训中心对英文网站进行了全新改版，使其更加容易访问、直观易懂，便于用户检索并使用产品材料。除网站外，各中心也积极拓展服务渠道，提供更丰富的服务方式，如空间天气中心在当值任务期间通过多渠道及时发布预警和咨询报告；区域培训中心通过邮箱、钉钉、微信等与学员保持实时联系与互动等。

（2）交流服务

通过开展国际培训和坚持合作交流，不断提高全球气象服务质效。区域培训中心积极拓展“气象+”领域国际培训，2023年共开办国际培训15期；全球信息系统中心主办CMACast集成系统应用及WIS 2.0海外用户培训，为30个国家和地区提供了34门优质课程；WIGOS区域中心与区域培训中心联合举办第二届全球综合观测系统国际培训班，为全球提供线上培训。同时，8个中心采取开放态度，积极与国际组织、WMO会员保持密切合作，如世界气象中心持续打造数值预报科学指导委员会会议“金牌”影响力，成功主持召开数值预报科学指导委员会第九届会议；全球信息系统中心与49个国家建立WIS 2.0连接，实现数据、元数据及消息的全球交换；WIGOS区域中心积极与WMO秘书处、WIGOS区域中心（日本）、二区协会员等建立合作关系；区域气候中心连续19年举办亚洲区域气候监测预测和评估论坛（FOCRAII），不断强化在亚洲区域协调合作方面的领军作用。

（3）用户反馈

通过建立多渠道用户反馈机制和定期沟通协调机制，有效收集和应对用户反馈，更好地满足全球用户需求。6个国际气象中心建立了较为完整有效的用户反馈机制，能够通过WIS/GTS、CMACast邮箱、调查问卷、留言互动、电话、微信等多渠道收集用户对数据产品或产品服务的反馈，并组织专人及时沟通协调，定期对用户反馈的问题进行梳理总结和优化改进。例如，全球信息系统中心开拓了 CMACast Helpdesk、开源代码网站 github 留言等新方式，全年与海外用户沟通邮件超 300 封，技术支持国家和地区 10 余个；区域培训中心形成了包含问卷调查、统计分析、总结提炼等标准化的全链条用户反馈流程。

（4）协同推进

通过加强与国内科研院所及其他部门的合作交流，强化了关键技术研发能力和服务能力。8 个国际气象中心均基于自身特色业务与其他单位建立了不同程度的互联互动，其中，6 个国际气象中心建立了较为完整的流程机制以保障合作的顺畅。例如，世界气象中心与清华大学、南京大学、中山大学等国内著名高校及科研院所开展合作，联合攻关数值预报关键技术；全球信息系统中心积极与行业部委深入互动，协助其他部门进行船舶、浮标、潮位、水文和飞机等资料的全球交换；区域培训中心为合作单位定制各类专业技能与管理培训课程等。

4. 气象保障水平

气象保障水平的评价主要反映国际气象中心在经费保障、人员保障、自我监督等方面的能力和水平。评价结果显示，国际气象中心积极拓展资源，丰富资金来源，确保业务能力建设和国际合作高质量运行。通过创新激励政策吸引和培养人才，组建高水平人才队伍，并积极向 WMO 等国际组织输送高层次人才。通过加强管理创新不断提升全球气象业务支撑与保障水平。

（1）经费保障

通过积极争取不同渠道的资金，为国际业务运行和国际合作提供保障，但不同国际气象中心间存在经费筹集渠道和经费到位情况不平衡现象。

（2）人员保障

通过加强人才培养和打造高水平队伍，提高了专业技术能力和国际业务履职能力。各国际气象中心通过建立良好的创新激励政策，组建创新团队，打造高水平创新队伍。越来越多的国际人才走向 WMO 等国际组织，担任重要职务，在多个工作组和专家团队中展示了过硬的专业能力。

（3）自我监督

空间天气中心通过引入 PDCA 循环质量控制方法识别履职过程中的漏洞短板，确保服务全面有效；全球信息系统中心紧扣年度目标考核节点进行监督考核，并将重点工作列入“质量提升年”行动重点任务和信息化工作要点，着力提升履职质效；区域培训中心定期开展自评估并向 WMO 提交相关评估问卷及报告等材料，基于自我监督和评价灵活制订了调整计划及各项实施方案，推动国际培训业务高质量发展。

专题篇

第八章　气象保障“一带一路”建设主要进展*

2023年是“一带一路”倡议提出10周年。10年来，“一带一路”共建国家达到了154个，“一带一路”国际合作平台所凝聚的国家数量已超过世界国家总数的70%；中国共与五大洲的150多个国家、30多个国际组织签署了200多份共建“一带一路”合作文件[①]，形成了一大批标志性项目和民生项目；“一带一路”倡议及其“共商、共建、共享”的核心理念被写入联合国、二十国集团（G20）、亚太经合组织以及其他区域组织等有关文件中，人类命运共同体理念成为越来越多国家和地区的共识。

“一带一路”倡议得到全球主要国际组织和“一带一路”共建国家气象部门的积极响应。相关国家大力推动气象国际合作交流，加强气象防灾减灾和公共气象服务能力建设，提高应对气候变化和开发利用气候资源能力，推动“一带一路”气象服务逐渐成为深受欢迎的国际公共产品。

一、“一带一路”共建国家气象发展概况

从亚洲区域来看，少数国家已经达到或接近发达国家水平，部分则直接引进使用发达国家和中国气象保障技术，但大多数国家气象保障能力相对一般，气象科学技术水平不高。

---

*　执笔人员：于丹　李萍　吕丽莉　杨丹　朱永昶　张薇

①　资料来源：国务院新闻办公室.《共建“一带一路”：构建人类命运共同体的重大实践》白皮书，2023年10月。

从区域层面讲：

1）东亚及东南亚各国气象服务水平相对较高。东亚的中国、韩国的气象综合观测比较先进，并基本实现气象服务产品多样化和气象服务手段智能化。东南亚地区的新加坡、印度尼西亚、马来西亚、越南、菲律宾等国形成了相对完整的气象业务服务体系和服务产品，尤其是在热带气旋监测预报、降水、流域水文、水资源监测、农业气象等方面，气象服务产品有一定的特色。

2）南亚地区各国气象服务发展水平差别较大。其中，巴基斯坦、孟加拉国、斯里兰卡等国有较为完整的气象业务服务体系，气象服务产品较丰富，但也有一些国家或地区气象服务水平相对较低，服务产品种类较少，服务形式主要以文字信息为主。

3）中亚地区各国气象服务发展不平衡状况较为明显。哈萨克斯坦、乌兹别克斯坦基本建立了较为完整的气象业务服务。

4）西亚地区各国气象服务区域特征较为明显。其中，伊朗、科威特、阿曼、约旦、亚美尼亚、阿塞拜疆等国均有较为完整的气象业务服务。

从欧洲区域来看，中东欧各国气象服务整体水平相对较高，多数国家建立了完整的气象业务服务。总体来说，中欧地区各国提供常规天气监测预报、水文气象、环境气象、气候数据服务、农业气象等气象服务，产品较为丰富；东欧地区各国气象服务整体水平也较高，多数国家建立了完整的气象业务服务；南欧地区各国气象保障水平差别较大，气象体制也有不同。另外，许多欧洲国家采取公共服务 + 商业化专业服务产品的方式，对外开展针对不同层次需求的气象服务。欧洲极端天气警报系统集成了所有从欧洲国家官方公共气象服务网站收集到的重要灾害性天气信息，其影响范围包括整个欧洲，在区域内多数国家得到应用。

总体来讲，大部分“一带一路”共建国家属于发展中国家，其经济发展水平相对不高，整体灾害防御能力不强，且大都处于全球气象灾害最严重的区域，每年因灾害造成的伤亡人数远高于全球其他区域。通过“一带一路”气象合作，加强共建国家灾害性天气监测，建立灾害数据共享平台，加强各国抗灾减灾技术交流，能够有效提升区域防灾救灾能力和民众防灾减灾意识，进而有助于各国减少人员伤亡及经济损失。

二、中国气象保障“一带一路”建设主要进展

近年来，中国气象部门深入贯彻落实习近平总书记重要指示精神，不断提升全球监测、全球预报、全球服务能力，多措并举提升“一带一路”气象保障能力。

（一）主要举措

中国气象部门认真贯彻落实《推动共建丝绸之路经济带和21世纪海上丝绸之路的愿景与行动》的要求，有针对性地采取一系列重大举措（表8.1），不断深化与其他“一带一路”共建国家在气象领域的交流与合作。2016年，制定《中国气象局关于落实“一带一路”建设三年（2016—2018年）滚动实施方案重点任务的方案》；2017年，制定《气象“一带一路”发展规划（2017—2025年）》，提出气象保障“一带一路”建设的指导思想、基本原则、发展目标和重要任务。中国气象部门先后与WMO和相关国家签署《中国气象局与WMO关于推进区域气象合作和共建“一带一路”的意向书》《中国—东盟国家气象合作南宁倡议》《中亚气象防灾减灾及应对气候变化乌鲁木齐倡议》等合作协议，积极推动“一带一路”气象国际合作。

通过以上规划和措施的实施，风云气象卫星产品服务能力进一步提升，“一带一路”国际气象合作进一步拓展，“一带一路”预报预警服务产品进一步丰富，服务能力持续提升。

表 8.1 中国气象保障“一带一路”建设的重大举措

年份	重大举措
2015	举办首届中亚气象科技合作国际研讨会，并签署《中亚气象防灾减灾及应对气候变化乌鲁木齐倡议》
2016	举办第一届中国—东盟气象合作论坛，并通过《中国－东盟国家气象合作南宁倡议》； 制定《中国气象局关于落实“一带一路”建设三年（2016—2018 年）滚动实施方案重点任务的方案》
2017	中国气象局与 WMO 签署《中国气象局与 WMO 关于推进区域气象合作和共建“一带一路”的意向书》； 中国气象局制定发布《气象“一带一路”发展规划（2017—2025 年）》
2018	中国气象局与 WMO 签署《中国气象局—WMO“一带一路”倡议信托基金协议》； 建立风云气象卫星国际用户防灾减灾应急保障机制； 完成亚洲多灾种预警系统（GMAS-A）建设，向东盟国家推广 GMAS-A 系统
2019	举办首届风云气象卫星国际用户大会； 中国气象局与老挝自然资源与环境部签署《中国气象局和老挝自然资源与环境部气象科技合作谅解备忘录》
2020	印发《全球气象业务发展行动计划（2020—2022 年）》； 世界气象中心（北京）推出非洲降水落水区预报产品； 制定《中国气象局卫星数据广播系统升级技术方案》
2021	举办东北亚气象科技论坛
2022	气象列入澜湄合作五年行动计划，组织中越双边工作组会议，确定新一轮合作； 完成援老挝气象防灾减灾体系建设项目立项
2023	印发《气象国际合作高质量发展行动计划（2022—2025 年）》； 与南非、阿联酋、埃塞俄比亚、泰国、所罗门群岛等 5 国签订双边协议； 举办“一带一路”全民早期预警高层论坛，中国气象局与生态环境部、WMO 签署全民早期预警倡议合作协议； 举办首届中国—阿拉伯国家中阿气象高质量发展合作论坛； 建成世界气象中心（北京）粤港澳大湾区分中心； 中国气象局与教育部联合设立“一带一路”气象访问学者项目

（二）风云气象卫星服务“一带一路”建设

中国风云气象卫星是气象保障“一带一路”建设的国之重器。中国气象部门通过完善顶层设计、强化卫星气象服务能力等多项举措，积极推进风云气象卫星服务“一带一路”建设，并取得显著成效。目前，中国在轨运行 9 颗风云气象卫星并对外免费提供基本卫星资料。风云气象卫星为全球 132 个国家和地区提供气象监测预报和灾害应急响应服务。中国向亚太地区 20 个国家赠送并持续维护中国气象局卫星数据广播系统（CMACast）

用户站、气象信息综合分析处理系统（MICAPS）和卫星云图处理显示分系统，“一带一路”气象卫星监测能力大幅提升。

风云气象卫星顶层设计更加完善。围绕共建“一带一路”倡议的要求，中国气象局发布了一系列指导性文件，明确了为“一带一路”共建国家提供数据和遥感应用服务的重点任务；先后印发和实施 10 余部相关方案与规划，大力推进卫星综合遥感应用体系建设，释放风云气象卫星服务资源，努力为“一带一路”共建各国提供及时和精细化的气象服务。2023 年，中国气象局印发《气象国际合作高质量发展行动计划（2022—2025 年）》，明确提出“蒲公英”“橄榄枝”“种青山”“汇百川”等四大行动 15 项任务，并针对气象卫星服务“一带一路”建设提出了明确任务与具体措施。

风云气象卫星服务能力持续提升。一是“一带一路”共建国家风云气象卫星用户数快速增长。数据显示，风云气象卫星国际注册用户数量从 2016 年的 70 个增至 2023 年的 129 个，其中“一带一路”共建国家和地区的国际用户数量从 30 个增至 90 个（图 8.1）。2023 年，成功举办第三届风云气象卫星国际用户大会，为全球 129 个国家和地区提供 100 余种数据

图 8.1　2016—2023 年中国风云系列卫星全球及“一带一路”共建国家和地区的国际用户数量

产品和服务，其中90个为“一带一路”共建国家和地区。二是风云气象卫星数据共享服务能力显著提升。中国气象数据网用户数和数据下载服务量分别达到46.0万个和99.6 TB。中国气象局面向国际用户研发升级的卫星遥感综合应用平台——“风云地球”国际版正式发布。三是风云气象卫星数据应用更加便捷。中国气象部门更新面向国际用户的卫星天气应用平台（SWAP），并开发完成SWAP俄文版界面，CMACast覆盖范围逐渐扩大。2023年，阿曼、卡塔尔、苏丹、阿联酋、约旦、摩洛哥、突尼斯、科威特、沙特阿拉伯、埃及等10个阿拉伯国家成为风云气象卫星数据国际用户。

风云气象卫星应急保障作用充分发挥。2018年4月，中国气象局发布相关政策文件，提出当“一带一路”共建国家在遭受台风、暴雨、强对流、森林草原火情、沙尘暴等灾害时，可通过WMO常任代表或其指定的联系人申请启动风云气象卫星国际用户防灾减灾应急保障机制。中国气象局逐步打通“一带一路”数据服务“绿色通道”，部署卫星应用支撑平台，提供国际应急保障服务。

总体来讲，“一带一路”风云气象卫星应急保障机制建立以来，“一带一路”防灾减灾服务能力明显增强。2020年，风云气象卫星国际用户防灾减灾应急保障机制用户数达到29个。为国际用户5次启动风云气象卫星国际用户防灾减灾应急保障机制、2次响应国际减灾宪章机制、2次提供风云气象卫星应急监测服务报告。2021年，风云气象卫星为国际用户启动应急保障服务17次，为16个国家提供极端事件遥感监测服务；开展了“一带一路”地区和全球范围的台风、沙尘暴、森林火灾等监测工作。2022年，风云气象卫星国际用户防灾减灾应急保障机制响应国际应急保障服务请求38次，为亚洲、非洲、南美洲和大洋洲的16个国家提供了全球气象灾害应急响应服务。32个国家正式成为风云气象卫星国际用户防灾减灾应急保障机制的注册用户。风云三号D星、风云四号A星和风云二号H星正式成为空间与重大灾害国际宪章的值班卫星。2023年，共有34个国家成为风云气象卫星国际用户防灾减灾应急保障机制注册用户，风云气象卫星响应国际应急保障服务请求 28 次。

（三）“一带一路”气象预报服务

1. 面向“一带一路”建设的气象预报和服务持续加强

2018 年，中国气象局被 WMO 认定为世界气象中心，成为气象合作的新平台；2022 年，中国气象局升级“一带一路”重点城市天气预报服务，为 10 余个“一带一路”共建国家部署 MICAPS4 国际版系统。目前，世界气象中心（北京）汇集了全球实况分析、全球数值预报预测、全球智能网格预报等 150 余种产品，通过网站实时对外共享，国际用户遍布 120 个国家和地区。WMO 全球综合观测系统（WIGOS）区域中心（北京）为 28 个亚洲国家提供观测系统质量监视和评估，帮助 19 个国家发现并排除 177 个站点问题。第三极区域气候中心（TPRCC）联合巴基斯坦和印度的气象部门，开展亚洲高山区气候监测预测示范。中国全球气象服务产品已覆盖“一带一路”共建国家和地区的重要城市；建成中国“一带一路”气象网，实时更新全球 / 亚洲极端高低温事件的周监测预测产品；中央气象台网站发布非洲 24 ～ 84 小时的逐 24 小时定量化降水及灾害性天气等气象预报信息。

2. “一带一路”气象防灾减灾体系不断完善

中国建成了“一带一路”典型气象灾害分析及预警平台，主动响应国际应急保障服务请求，发布暴雨、热带气旋、高温、沙尘暴等分灾种英文报告。上海市气象局在全球尤其是“一带一路”共建国家推广“城市多灾种早期预警工具箱”。亚洲多灾种预警系统（GMAS-A）与中国国家突发事件预警信息发布系统实现对接，访问者可实时获取中国大陆各地区的预警信息，并可获取亚洲区域包括泰国、缅甸、科威特、马尔代夫、俄罗斯等国家，以及中国香港在内的预警信息。亚洲航空气象中心可对未来 6 小时可能影响航空运行的雷暴、颠簸、积冰、沙暴和山地波等提供专业预报，每天滚动制作发布危险天气资讯产品多达 30 余种，覆盖亚洲 26 个国家和地区的 51 个飞行情报区。完成 GMAS-A 的建设，实现面向亚洲区域预警信息的汇集和服务产品的共享。实现“一带一路”共建国家和地区基于不同监测预报标准的高温灾害性天气监测及高温极端性监测。完成 CMACast 转型升级，覆盖范围由亚太扩展至中东和非洲。

3. 中国承担的 WMO 区域气象培训中心保持为 WMO 最活跃的培训中心

2019—2023 年，即使受新冠肺炎疫情影响，WMO 区域培训中心（北京和南京）仍举办了 13 期线下班及有 9500 余名发展中国家学员参加的 66 期线上班。2023 年世界气象中心（北京）粤港澳大湾区分中心建成启用并举办了首期国际培训班。

4. 面向“一带一路”企业和重大活动的专项气象服务持续发展

为第 17 届太平洋运动会定制了一站式监测分析预报门户网站。开展东南亚低纬度国家太阳能资源精细化评估，为中资企业投资海外光伏产业提供决策参考。与中国海洋石油总公司、中国铁路总公司、招商局集团有限公司等签订合作协议，面向海上石油平台建设、铁路和港口、海洋装备制造基地等重大工程提供气象服务。浙江、重庆、江苏、新疆等省（自治区、直辖市）气象部门也逐渐把气象服务延伸至“一带一路”共建国家和地区的商贸和交通物流等领域。

（四）“一带一路”气象合作

1. “一带一路”气象合作的内容更加丰富

推动实施全民早期预警倡议方面。2023 年，中国气象局联合 WMO 成功举办“一带一路”全民早期预警高层论坛，WMO 秘书长及 21 个 WMO 会员代表出席，并联合发表《“一带一路”全民早期预警北京宣言》。中国气象局与生态环境部和WMO签署支持全民早期预警倡议的三方协议，协议被列为第三届“一带一路”国际合作高峰论坛成果。

技术援助方面。2011年以来，中国向蒙古国、巴基斯坦、哈萨克斯坦等30余个发展中国家捐赠风云气象卫星接收站、中国气象局卫星数据广播系统（CMACast）接收站、气象信息综合分析处理系统（MICAPS）、气象演播系统等，帮助发展中国家提升其气象观测预报预警能力。

2. “一带一路”气象合作的形式更加完善

2017年，中国气象局与WMO在首届“一带一路”国际合作高峰论坛上签署合作意向书，设立“一带一路”合作基金，每年举办磋商会，共同推进“全球南方”国家气象业务能力建设。

合作形式方面。中国气象局与教育部发起“一带一路”访问学者计划，首批7名学者来华访学1年。举办亚洲区域灾害预警能力提升研讨会，来自联合国、WMO、亚洲开发银行、国际电信联盟及亚洲20余个国家和地区的代表与会。与埃塞俄比亚、巴基斯坦等国家共同研发云端预警支持平台和智能工具箱。牵头发起WMO多模式集成、人工智能短时临近预警、超大城市智慧气象服务公私合作等示范项目，培育新赛道引领国际气象创新。联合香港天文台开展“一带一路”共建国家气象培训，纳入第三届“一带一路”国际合作高峰论坛中方发起项目。连续19年举办亚洲区域气候监测预测和评估论坛，累计66个国家和地区的621位境外代表参会。举办第50期多国别考察活动，向WMO高层代表以及21个国家的气象官员展示中国气象现代化建设的新成就。

三、东盟国家气象建设及国际合作主要进展

东盟地处“一带一路”陆海交会地带，是中国推进“一带一路”建设的优先方向和重要伙伴。东盟国家包括新加坡、马来西亚、印度尼西亚、缅甸、

泰国、老挝、柬埔寨、越南、文莱和菲律宾等 10 个国家。

（一）东盟国家气象发展概况

东南亚地处热带，包括中南半岛和马来半岛两部分。中南半岛主要属热带季风气候，年平均气温在 20 ℃以上；年降水量 1000 毫米以上，且主要集中在雨季。马来半岛属热带雨林气候，终年高温多雨，各月平均气温在 25 ~ 28 ℃，年降水量 2000 毫米以上。印度尼西亚属热带雨林气候，年均气温 25 ~ 27 ℃，年降水量 2000 毫米以上。菲律宾北部属海洋性热带季风气候，南部属热带雨林气候，气温通常在 21 ~ 32 ℃，年降水量为 2500 毫米左右。

东盟各国的气象建设差别较大（表 8.2）。其中，新加坡、印度尼西亚、马来西亚、越南、菲律宾等国家有相对完整的气象业务服务体系和服务产品，尤其是在热带气旋监测预报、降水、流域水文、水资源监测和农业气象等方面，服务产品比较有特色；印度尼西亚、新加坡的环境气象业务产品也比较丰富。

表 8.2 东盟国家气象部门和气象发展简表[①]

国家	基本情况				观测				人员	业务产品	
	国土面积 / 万平方千米	总人口 / 万人	气象机构名称	隶属机构	地面站 / 个	地面自动站 / 个	高空站 / 个	雷达 / 部	总计 / 人	常规	特殊
新加坡	0.07332	564	气象局	交通部	5	100+	1	1	144	常规气象预报	火山预警、航空服务
马来西亚	33	3300	气象局	国家科技与创新部	44+490	140	3	10	1036	一般天气预报、海洋预报、大气环境监测、人工影响天气作业等	火山预警、农业服务、航空服务和商业服务

① 资料来源：高空观测站、天气雷达站、雨量站、气候站等数据来源于 WMO 数据库，https://oscar.wmo.int/surface/#/。气象卫星发展情况暂未列出。

续表

国家	基本情况				观测				人员	业务产品	
	国土面积/万平方千米	总人口/万人	气象机构名称	隶属机构	地面站/个	地面自动站/个	高空站/个	雷达/部	总计/人	常规	特殊
印度尼西亚	191	27600+	气象、气候和地球物理局	非部门政府直属机构	120+21	146	30	22	3000+	短期、中期、海洋天气（海浪和风力）、每日洪水风险评估	独立的气候业务系统，提供3个月预报和6个月展望信息
缅甸	67	5417	气象水文局	交通运输部	104+5	44	2	2	844	常规气象预报服务	航空服务、农业服务、水文预警
泰国	51.3	6790	国家气象局	国家信息与通信技术部	126	108	6	23	937	天气预报，海洋预报	航空服务和商业服务
老挝	23.68	758	气象水文局	自然资源与环境管理部	49	1	0	1	227	3天预报，重要城市周预报	3~6周季节预报
柬埔寨	18	1600	气象局	水资源和气象部	21	12	0	1	57	日常预报与预警	暴雨、强风预警，台风路径预报
越南	32	10300+	国家水文气象局	国家自然资源与环境监测部	174	—	5	2	3210	各种短期、中期和长期预报，台风预警、强风预报、海洋预报	运输业专门预报
文莱	0.05765	45	气象局	交通部	2	1	1	—	63	常规气象预报及预警	海啸、航空
菲律宾	29.97	11000+	大气、物理和天文管理局	科技部	58	155	5	5	975	短期、中期、长期以及季节（3个月）预报	航运和航空预报、火山特别预报

注：—表示暂未掌握相关资料。

（二）中国—东盟气象合作的主要进展

1. 中国—东盟合作的主要内容

东盟国家多为发展中国家，气象科技水平相对滞后，同时也是全球气象灾害最频繁、损失最严重的地区之一。减轻气象灾害风险和损失是中国和东盟国家共同面临的挑战；通过气象领域的合作与技术交流，有效地推进信息共享，进而提高气象防灾减灾能力，是中国与东盟国家的共同需要。

2016 年 9 月 11 日，由中国气象局和广西壮族自治区政府联合主办的首届中国—东盟气象合作论坛在南宁举办。论坛以“区域气象灾害监测与共同防御”为主题，围绕建立气象灾害联合监测与防御机制，加强在观测资料共享、灾害联防、气象服务和科研、气象仪器标定及业务技术人员的交流培训等方面的合作，共同促进防灾减灾工作的融合发展等开展了深入研讨。在论坛上，中国气象局提出的《中国—东盟国家气象合作南宁倡议》（以下简称《南宁倡议》）获得一致通过。

2.《南宁倡议》的实施进展

（1）推动中国—东盟气象合作论坛逐渐常态化

《南宁倡议》是气象主动融入“一带一路”共建的重要行动，填补了中国与东盟国家气象区域机制合作的空白，特别是探索建立区域灾害性天气讨论和信息通报机制，主动提供东盟民生公共产品，对促进区域民心相通具有重大实践意义。

根据《南宁倡议》，中国气象局支持每两年举办一次中国—东盟气象合作论坛；继续加强区域气象观测和资料共享；探索建立灾害性天气讨论和信息通报互动平台，开展相关业务预警技术、平台研发的交流；建立气象业务技术交流互动机制，加强区域高分辨率数值预报模式研发和应用合作；加强季节气候预测与气候服务，特别是与农业和水文有关的服务合作；加强区域气象仪器标定合作以及区域气象培训工作等。

《南宁倡议》推动中国—东盟合作论坛逐渐实现了常态化。2018 年 9 月举办的第二届中国—东盟气象合作论坛取得了重要成果：审议《南宁倡议》及《中国气象局与 WMO 关于推进区域气象合作和共建“一带一路”的意向书》与东盟气象合作相关内容的落实情况，推动风云气象卫星国际用户防灾减灾应急保障机制在东盟国家的落地；推广了亚洲多灾种预警系统，组建以广西为基地的中国气象局东盟大气探测合作研究中心，举办中国—东盟博览会气象装备与服务展，打造中国气象装备、站网设施、业务系统、服务产品在东盟国家的输出平台；建立中国—东盟气象培训合作机制和中国—东盟气象合作论坛联系人制度，加强中国与东盟气象部门之间的沟通。

2023 年 9 月举办的第三届气象合作论坛取得了以下主要成果：落实联合国全民早期预警倡议，建设面向国际用户的城市多灾种早期预警工具箱，应用人工智能等新技术联合开发共建云端早期预警支持系统，为区域气象防灾减灾提供新的技术支撑；启动“一带一路”气象访问学者计划，支持中国与东盟国家在气象灾害预警、数值预报、气候预测、卫星应用等领域开展联合研发；联合开发共建“风云地球”卫星综合应用平台、促进风云气象卫星应用技术交流，并提出建立面向东盟的气象大数据中心；进一步深化双边气象合作，中国气象局与老挝自然资源环境部气象水文局签署合作项目意向书，与泰国、马来西亚、越南等国家的气象部门进行双边会谈；以“展会 + 研讨”的形式举办装备展，开展装备和服务技术研讨交流。

（2）推动观测领域合作交流逐步深化

《南宁倡议》为中国与东盟国家气象合作打开了新局面，尤其是在气象观测领域。

风云气象卫星遥感数据服务网的新增注册用户中，有 20 多个用户来自东盟国家；中国气象局东盟大气探测合作研究中心在南宁落成；中国气象局自主研发的气象信息综合分析和处理系统在亚洲多国和地区落户；中国华风气象传媒集团有限责任公司与东南亚电信集团签署了战略合作协议。依托广西气象技术装备中心、减灾研究所和信息中心资源，按照国家级计量实验室标准建设东盟大气探测合作研究中心，包括降水现象实验室、采集器实验室、土壤水分实验室、计量标准器比对室、计量培训与交流室以及技术装备保障业务平台，涵盖了计量检定、运行监控、维护维修、供应管理等气象装备综合业务，推动中国与东盟国家气象计量互认和共同发展。广西壮族自治区气象局气象科学研究所利用风云气象卫星数据开发了东南亚区域土壤水分、植被长势、气溶胶和海表温度等生态产品。

《南宁倡议》实施以来，中国与东盟国家加强了风云气象卫星资料的共享和应用，运用风云气象卫星国际用户防灾减灾应急保障机制，提供灾害性天气的卫星区域加密观测服务；加强了区域气象灾害联防和预警信息共享，推进了亚洲多灾种早期预警系统建设；发挥中国承担的世界气象中心（北京）等全球和区域气象中心的职能，提升了中国气象局为东盟等区域和国家提供气象服务的能力。

（3）推动东盟国家双边气象合作向纵深发展

中越双方在天气预报、气象信息交换、人才培训、气象仪器校准技术交流、亚洲区域气候预测、亚洲多灾种早期预警系统建设6个领域加强合作，并建立灾害天气联合会商机制；在中国的支持下，缅甸气象部门数值预报模式产品的分辨率达到9千米；中国支持缅甸和老挝建立了气象视频演播系统，与老挝、印度尼西亚有关部门共同推动气象防灾减灾，与马来西亚开展人工影响天气技术交流合作。

中国制定实施了东盟国家灾害性强对流天气临近预报技术示范培训计划，为气象及相关部门从事气象灾害临近预报预警、灾害防御管理等相关领域的业务及科研人员开展培训，培训内容包括强对流天气临近预报技术、雷达和卫星产品应用、防灾减灾体系建设等。同时，搭建了定制培训平台，为学员提供后续远程学习机会。

四、中亚国家气象建设及国际合作主要进展

作为“一带一路”倡议的重要组成部分，中亚地区一直被视为巨大的合作潜力所在。

（一）中亚国家气象发展概况

中亚即亚洲中部地区，狭义的中亚国家一般指哈萨克斯坦、乌兹别克斯坦、土库曼斯坦、塔吉克斯坦、吉尔吉斯斯坦等5个国家。中亚距海较远，属于典型的温带沙漠、草原大陆性气候。雨水稀少，极其干燥，年降水量通常在300毫米以下；日照充足，蒸发量大，阿姆河三角洲水面的年蒸发量达1798毫米；温度变化剧烈，许多地区气温日较差在20～30 ℃。

总体来看，中亚地区各国气象服务发展不平衡状况比较明显（表8.3）。哈萨克斯坦、乌兹别克斯坦基本建立了较为完善的气象业务服务，其中，哈萨克斯坦国家气象部门基本采取商业气象服务形式，业务产品体系相对完整，服务能力较强。

表8.3　中亚各国气象部门及气象发展情况简表

国家	基本情况				观测				人员	业务产品	
	国土面积/万平方千米	总人口/万人	气象机构名称	隶属机构	地面站/个	地面自动站/个	高空站/个	雷达/部	总计/人	常规	特殊
哈萨克斯坦	272.49	1989.9	水文气象局	自然资源和环境保护部	295	—	9	—	3500	短期、中期、长期以及季节（3个月）预报	航运和航空预报
乌兹别克斯坦	44.89	3637	水文气象局	生态、环境保护和气候变化部	400	—	2	4	—	短期、中期、长期预报	航运和航空预报
吉尔吉斯斯坦	19.99	700	水文气象局	紧急情况部	25	—	1	—	—	短期、中期、长期预报	—
塔吉克斯坦	14.31	1001	水文气象局	农业及环境保护部	30	7	2	4	780	短期、中期、长期预报	—
土库曼斯坦	49.12	705	水文气象委员会	政府内阁	42	—	3	—	—	短期、中期、长期预报	—

注：—表示暂未掌握相关资料。

（二）中国—中亚气象合作的主要进展

中亚地区属于干旱半干旱气候，生态环境脆弱，提升气象灾害防御能力对经济发展至关重要。同时，中亚作为丝绸之路经济带的重要组成部分，中亚地区的安全与繁荣，对上海合作组织各方发展及“一带一路”建设具有十分重要的意义。近年来，中国与中亚国家不断完善气象科技合作机制，开展多层次、多领域交流合作，不断提升区域防灾减灾水平以及交通物流、能源气象保障服务能力。

1. 气象科技研讨活动

2015 年 10 月，首届中亚气象科技研讨会在新疆乌鲁木齐举办。中国、哈萨克斯坦、吉尔吉斯斯坦、塔吉克斯坦、乌兹别克斯坦的气象科技专家就中亚区域天气气候科学问题进行了研讨。中国气象局乌鲁木齐区域气象中心与哈萨克斯坦水文气象局、吉尔吉斯斯坦水文气象局、塔吉克斯坦水文气象局、乌兹别克斯坦水文气象局在中亚气象防灾减灾及应对气候变化方面达成共识并共同签署《中亚气象防灾减灾及应对气候变化乌鲁木齐倡议》，确定了气象防灾减灾、气候变化研究、合作机制等三方面的合作重点。2016—2022 年，先后召开了第二届至第七届中亚气象科技国际研讨会（表 8.4），围绕中国及中亚区域的气象灾害监测技术、灾害性天气预报预警技术、气候变化及其影响评估、水资源对气候变化的响应等问题进行了深入交流，并一致同意建立网站进行观测数据、成果共享，并成立专门的工作组来推动具体工作的开展。

2. 中亚天气气候科学研究

2016 年 6 月，组建中亚大气科学研究中心，重点开展中亚天气和气候变化等领域的研发，聚焦中亚天气和气象灾害防御，做强树木年轮气候研究，发展区域数值预报技术。截至目前，已完成伊塞克湖地区降水量、哈萨克斯坦东南部降水量等气候重建，并在中亚低涡概念模型、南亚季风对塔里木盆地夏季降水、印度洋变暖对中亚降水的影响机理研究等方面取得了一系列成果。另外，中国气象局乌鲁木齐沙漠气象研究所重点开展了树木年轮气候重建、大气环境污染防治等方面的基础理论和技术创新研究，并取

表 8.4　2015—2022 年历届中亚气象科技国际研讨会情况

年份	届次	会议主题与研讨的主要内容	会议代表	会议地点
2015 年	第一届	中亚区域天气气候科学问题，共同签署《中亚气象防灾减灾及应对气候变化乌鲁木齐倡议》	5 个国家的 50 多位代表与会	乌鲁木齐
2016 年	第二届	区域气象灾害监测技术、灾害性天气预报预警技术、气候变化及其影响评估、水资源对气候变化的响应	4 个国家的 80 多位代表与会	北京
2017 年	第三届	中国和中亚区域气候灾害监测技术、灾害性天气预报预警技术、气候变化及其影响评估、水资源对气候变化的响应	10 个国家的 230 位代表与会	南京
2018 年	第四届	气象灾害防御、灾害性天气机理、气候变化应对	WMO 代表及 10 个国家的代表与会	北京
2019 年	第五届	气象灾害监测、灾害性天气预报预警、水资源对气候变化的响应	7 个国家的代表与会	南京
2021 年	第六届	气象灾害共同防御、“一带一路”气象防灾减灾、中亚灾害性天气与气候变化、气候变化背景下的中亚天气气候、“一带一路”核心区的碳达峰碳中和	5 个国家的 150 多位代表线上线下与会	乌鲁木齐
2022 年	第七届	区域务实合作、中亚灾害性天气与气候变化、气候变化应对与适应、风云气象卫星应用、区域数值预报关键技术	WMO、中亚和上海合作组织国家的 100 多位代表线上与会	乌鲁木齐

得重要成果。

3. 业务技术交流

中国自主研发的全球同化预报系统（CMA-GFS）为乌兹别克斯坦、哈萨克斯坦、塔吉克斯坦、吉尔吉斯斯坦等中亚国家提供数据产品，其中包括 6 种集合预报产品和 16 种全球确定性预报产品。在吉尔吉斯斯坦建成森林生态气象监测站和冰川全要素天气自动站；在乌兹别克斯坦建立自动气象站；在哈萨克斯坦建立交通气象站；在巴基斯坦瓜达尔港建成港口气象站。中国气象局通过 WMO 南京和北京区域培训中心持续开设气象预报、卫星资料应用等国际培训课程，包括来自中亚国家的学员参加了培训。

第九章　全球人工智能气象应用主要进展*

随着人工智能大模型逐渐成为各项数字应用的新底座，各国政府更加重视采取多种政策措施来推动人工智能大模型的规范有序发展。“人工智能（AI）+气象”成为人工智能领域的热门话题，全球人工智能的气象应用呈现崭新发展态势。

一是高科技企业和高等院校参与人工智能气象大模型的研发仍比较活跃。2022 年以来，由于高科技企业和高等院校的积极参与，具有学术价值和应用前景的气象大模型不断涌现并迅速发展，引起各界的广泛关注。华为、英伟达、谷歌、微软等科技公司，清华大学、复旦大学等高校相继发布气象大模型，涵盖了临近预报、短中期预报和气候预测等不同领域。2023 年，“人工智能辅助天气预报的发展：人工智能模型能更准确、省时、低成本地预测天气”获评《科学》杂志（*Science*）2023 年度十大科学突破。

二是人工智能气象大模型正在从企业主导的研发创新转向国家气象部门主导的业务研发和应用。研发重点也正在从以区域短时临近预报、全球中期天气预报为主转向观测、预报、服务的全业务链条的应用研发。2023 年，很多国家气象机构基于前期研发相继发布了相关产品，ECMWF 率先推出了人工智能/综合预报系统（AIFS），中国气象局自主研发 3 个气象大模型，NOAA 推出基于 GraphCast 的全球中期天气预报试验产品等。2023 年，

* 执笔人员：唐伟　张阔　周勇
说明：本章部分内容根据网络公开资料整理。

人工智能在气象领域的应用在 WMO 第 19 次世界气象大会上也引起了广泛关注，大会批准的《WMO 2024—2027 年战略计划》明确指出，要加强人工智能应用，并将推出基于人工智能的短时临近预报示范项目，为全民早期预警提供支持。

一、人工智能气象应用的相关政策措施

现阶段，在各国政府的政策鼓励下，全球人工智能迅速发展。美国企业在全球开源社区陆续发布开源版大模型，以引领全球技术路线。欧洲各国积极促进人工智能与本地优势产业的结合。中国科研机构、产业界、投资界积极布局大模型领域，相关研究成果、新产品相继推出。据中国科学技术信息研究所不完全统计，截至 2024 年 3 月，中国已发布 10 亿参数规模以上的大模型超 100 个。在气象领域，各主要气象水文主管机构也均采取鼓励和促进的政策基调，大力推进人工智能在气象领域的研发应用。

（一）WMO

在全球人工智能技术创新和应用快速发展的背景下，WMO 专门设立了人工智能支持岗位，并计划通过编制人工智能 + 气象标准和指南、示范项目、制定标准数据集等方式，积极推动人工智能在会员中的研究和应用。

1. 相关政策

《WMO 2020—2023 年战略计划》已经意识到人工智能对于未来天气预报和服务的影响，明确提出在大数据、众包和开源系统等趋势下，商业观测网络、数据和服务提供商的出现，数字技术的进一步推广，人工智能、认知计算、大数据技术等都将是游戏规则的改变者。

在最新的《WMO 2024—2027 年战略计划》中，WMO 进一步强调了人工智能在未来天气预报和服务中的重要性，明确指出，应增强气象业务系

统中人工智能的应用；为人工智能和机器学习在气象中的应用和研究提供指导；使用人工智能等新技术和产品解决天气、水、气候、环境服务中出现的新问题。

2. 主要行动

一是联合成立人工智能焦点组。2020 年 12 月，WMO 与国际电联、联合国环境规划署合作，成立了人工智能促进自然灾害管理焦点组，目标是评估人工智能在自然灾害管理方面的潜力，并为探测和预测自然灾害并在灾害发生时提供有效通信的最佳实践奠定基础。该焦点组正在积极推动包括气象在内的相关领域的案例、标准、数据集的发布。

二是增强计算和数据处理能力。2020 年 7 月，WMO 成立百亿亿次级计算、数据处理和人工智能任务组，致力于研究大规模计算、数据处理和人工智能等相关问题，以促进地球系统预测，2021 年 12 月完成任务后解散。

三是实施人工智能示范项目。为进一步推动人工智能在天气预报领域的应用，支撑全民早期预警倡议，WMO 积极推动基于人工智能的临近预报示范项目。该示范项目旨在评估使用人工智能方法进行灾害性天气预报的可行性，并推动将基于人工智能的临近预报产品（包括闪电、冰雹、强对流、龙卷、暴雨和其他极端天气事件）应用到发展中国家，包括一些非洲国家，以改善天气服务并支持全民早期预警倡议。

（二）ECMWF

人工智能为改善数值天气预报和气候服务提供了广阔空间，也带来了巨大挑战，ECMWF 积极应对并采取了一系列积极行动。

在 2021 年前瞻性发布《机器学习：未来 10 年路线图》后，为推动数值天气预报与人工智能的融合应用，2023 年 ECMWF 理事会批准设立一个为期 4 年的项目，目标是到 2027 年开发一个预报技巧与现有综合预报系统（IFS）相当或更高的完全数据驱动的地球系统集合预报模型。ECMWF 希望该项目能充分结合传统数值天气预报和机器学习的优势，并确定两者的最佳组合。为此，ECMWF 建立了一个由 15 ～ 16 名全职人员组成的团队（包括气象科学家、机器学习和数据工程师以及评估验证专家）来支持该项目，并增加了 836.5 万英镑的项目投资，其中 130 万英镑（占比 15.5%）用于加强成员国、合作国与 ECMWF 的合作。

1. 项目目标

项目目标包括：加快实施《机器学习：未来 10 年路线图》选定的特定领域计划，将数值预报系统与机器学习相结合以改进预报质量；开发人工智能 / 综合预报系统（AIFS）——一种预报技巧与 IFS 相当（或更高）的基于机器学习的地球系统集合预报模型；开发高性能计算、软件基础设施，提升员工专业技能；开发、测试业务化的机器学习模型；确立机器学习技术在数据同化和观测驱动预报中的价值。

2. 项目主要内容

一是开展数值天气预报 – 机器学习方法混合建模。目前，ECMWF 已在数值预报业务流程的各个组件中开发机器学习应用，未来将继续拓展机器学习的应用范围，主要包括针对不确定模型参数化的机器学习和在线研究学习模型误差项等。

二是开发再分析数据驱动的集合天气预报。ECMWF 将数据驱动式确定性预报的最新进展与集合预报的专业知识相结合，建立一个由 ERA5 再分析数据训练的数据驱动式集合预报模型，水平分辨率为 0.25°，垂直层为约 30 层，针对 5 个地表场变量（总降水量、2 米温度、10 米风分量、平均海平面气压），逐 6 小时输出未来 10 天的预报。在 GPU 节点上可以在 1 小时内计算 500 个集合成员的预报。由于存储原因，不会输出全部的集合成员，但会进行集合处理以表示概率分布的主要模态。虽然目前已经证明了数据驱动式确定性预报的性能，但还需要进一步的工作来建立经过良好校准的数据驱动式集合预报模型。ECMWF 将利用其在集合预报和概率评估方面的专业知识来构建这样的集合预报系统。由于这些数据驱动式模型中没有考虑物理一致性，因此 ECMWF 将评估现有验证技术可能存在的盲点，并在必要时开发新的评估技术以确保预报质量。

三是研发观测资料驱动的人工智能气象预报大模型。目前，已有的气象大模型都是根据传统数值预报数据同化生成的再分析 / 分析数据来初始化，ECMWF 将探索观测驱动的机器学习预报系统的价值。ECMWF 将评估四维变分数据同化框架内的机器学习模型的价值，利用机器学习模型的自动微分来创建切线模式和伴随模式，并直接根据观测结果重新训练机器学习模型。

最后，基于物理驱动的综合预报系统（IFS）是上述研发活动的关键。因为 IFS 在预报变量的广度和空间分辨率方面是目前的机器学习模型无法比拟的，且 IFS 的数据同化为机器学习模型提供实时初始场并创建训练数据集。因此，ECMWF 仍然致力于进一步改进 IFS。

3. 计算资源

现有的 ECMWF Atos HPC 设施共提供 72 个 GPU，并包含潜在的扩展功能。此外，“欧洲天气云”将提供 36 个 GPU 的访问。但这些资源还远远满足不了数据驱动式预报的需求，因此 ECMWF 计划采用云服务来补充算力。根据当前的云计算成本和 GPU 定价，初步估计算力的预算为 200 万英镑，分 4 年进行投资。

4. 暂定路线图

以下是项目的 4 年暂定路线图：

第 1 ～ 9 个月——开发基础设施、代码库和数据管道；强调在适当的情况下利用现有工具；测试业务预测链条，处理和分析观测数据以实现最佳学习表现。

第 1 ～ 12 个月——分析验证技术，以确定评估数据驱动模型的指标和可能的弱点。

第 3 ～ 12 个月——开发与现有 IFS 预报水平相媲美的再分析数据驱动的预报模型；强调高效的流水线和跨多个 GPU 的扩展；建立用于未来集合预报系统的空间表征。

第 6 ～ 27 个月——机器学习参数估计：机器学习技术与数据同化框架相结合，将用于优化模型参数不确定性，如海冰厚度、土地覆盖、土壤湿度等，以改善集合预报。

第 6 ～ 36 个月——在线偏差订正：加快学习和订正数值天气预报模型中的误差。

第 9 ～ 21 个月——在数据同化集合中测试数据驱动的预报模型以创建分析数据：利用可微分性和加速度来探索集成四维变分同化、集合卡尔曼滤波和粒子滤波器方法。

第 9 ～ 24 个月——开发集合预报模型，探索多种集合生成方法，以确保有效、精准的预报。

第 18 ～ 24 个月——测试业务产品工作流程：测试业务预报系统的流程，决策业务集合预报的配置。

第 12 ～ 48 个月——直接根据观测进行训练：评估模型不使用分析资料直接进行训练的价值。

第 24 ～ 48 个月——在业务中集成机器学习预测：用于集合预报的最佳 ML 模型与传统 NWP 共同应用于业务。

第 24 ～ 48 个月——新的业务集合周期：利用高分辨率分析资料、非结构化网格和 ERA6，提高空间分辨率和复杂性。

5. 与私营企业和其他研究机构的合作

2023 年 12 月，ECMWF 官网上展示的气象大模型预报结果包括人工智能 / 综合预报系统（AIFS）、华为公司的“盘古天气”、英伟达公司的 FourCastNet、谷歌 Deepmind 的 GraphCast 和复旦大学的“伏羲”等 5 个。为了提高透明度和可重复性，ECMWF 开发了一个软件解决方案，只需一个命令即可访问这些模型。

2023 年 1—4 月，ECMWF 还与国际基金会合作举办了开放在线课程——天气和气候中的机器学习，面向全球用户提供在线的、专业的免费培训。先后有 9000 多名参与者注册，6000 多人获得一个或多个等级证书。

（三）NOAA

为保持 NOAA 在地球系统科学领域的领先地位，美国在人工智能气象领域应用中采取了一系列重要行动。

2020 年，美国《国防授权法案》正式授权 NOAA 建立国家人工智能中心（NCAI），以协调人工智能研究、算法开发、数据采集、应用、信息交换和认知，维护其门户网站，主办培训活动和研讨会，并促进新的伙伴关系。目前，NCAI 正在与地球科学信息合作伙伴合作，为地球和空间科学制定人工智能数据标准。来自北卡罗来纳州立大学卫星地球系统研究合作研究所、科罗拉多大学博尔德分校环境研究合作研究所和科罗拉多州立大学大气研究所等多个合作机构的人员为 NCAI 提供支持。

2020 年 8 月，美国国家大气研究中心（NCAR）宣布正在推动一项重大的国家研究计划，旨在加强人工智能技术领域的研究，提高预报预测水平。美国国家科学基金会宣布建立包括“人工智能研究所”在内的 7 家研究所。2021 年，美国发布《NOAA 人工智能战略规划（2021—2025）》，推动人工智能应用于 NOAA 的研发活动，大幅度降低了其各个任务领域的成本和计算时间。

2024 年 5 月，NOAA 与白宫科技政策办公室联合举办了一场关于人工智能改变天气预报潜力的研讨会，与来自学术界和私营部门的专家围绕人工智能对天气预报的益处和挑战、建立和维持对人工智能系统的信任、探索构成最大挑战的科学未知因素等问题进行了深入讨论。

（四）中国气象局

为推进人工智能气象预报大模型标准规范和有序发展，解决预报业务实际难题，促进人工智能气象预报大模型的业务应用转化、准入和应用，中国气象局从政策推动、创新平台建设、示范计划引领等方面，推动营造人工智能技术研发应用的创新生态。

2021 年，中国气象局、国家发展和改革委员会联合印发《全国气象发展“十四五”规划》，提出要加强人工智能算法在大气科学中的适用性研究，发展机器学习型、知识推导型和人机协同型人工智能引擎技术，加强人工智能在气象中的应用研究；要依托气象大数据云平台人工智能支撑和智能应用数据集，推动人工智能在数据分析、资料同化、数值模式、气象预报和气象服务中的深入应用。2022 年，国务院印发《气象高质量发展纲要（2022—2035 年）》，强调加强人工智能、大数据与气象深度融合应用。

2023 年，为进一步加快推进人工智能技术在气象领域的深度融合应用，中国气象局印发《人工智能气象应用工作方案（2023—2030 年）》，明确了发展目标：到 2025 年，确定人工智能气象应用发展路线图，初步建立人工智能大数据库、算力环境、算法模型、开放平台和检验评估“五大基础”支撑；启动气象预报大模型等新兴技术研发，开展人工智能新兴技术与监测预警、预报预测、数值预报和专业服务“四大领域”的融合；优化人工智能创新合作和人才培养，成果转化和知识产权保护的“两大保障”环境。

到 2030 年，人工智能气象应用发展水平进入世界前列，业务能力建设取得重大进展。特别提出要建立与人工智能深度融合的地球系统数值预报业务体系，实现人工智能气象预报大模型上线运行。

为加速推进人工智能气象预报大模型研制，中国气象局还制定了《人工智能气象预报大模型建设工作方案（2023—2025 年）》，以打造人工智能技术研发应用的创新生态。

2024 年 1 月，中国气象局与河北省政府召开省部合作联席会议，并签署共建雄安气象人工智能创新研究院协议。同日，中国气象局与河北雄安新区管理委员会签订共建雄安气象人工智能创新研究院合作备忘录。自此，中国气象局会同河北省政府、雄安新区管委会共同加快推进雄安气象人工智能创新研究院建设，以吸引和集聚更多顶尖创新人才。

2024 年 6 月，中国气象局发布“人工智能天气预报大模型示范计划”（以下简称“示范计划”）。示范计划坚持博采众长、流程贯通、公开规范、创新应用的原则，面向科研院所、高校、行业协会学会、企业事业单位等广泛征集人工智能天气预报大模型。示范计划测试期为 2024 年 7—10 月，示范期为 2024 年 11 月—2025 年 8 月，评估期为 2025 年 9—10 月。示范计划提出，参与示范计划且性能优良的大模型，将优先由国家级气象部门邀请业务应用，优先共享使用中国气象数据，优先开展联合升级研发。该举措将能够调动和激励社会各界力量，共同打造人工智能技术研发和气象应用的创新生态。

二、人工智能气象大模型的发展与国际对比

2023 年以来，ECMWF、中国气象局、NOAA 等先后推出其气象大模型或基于企业气象大模型开展的预报试验产品。基于开放的高质量全球再分析数据，科技创新企业和高校也陆续推出多个气象预报大模型，极大推动

了气象预报的发展。

目前已发布的全球中期天气预报大模型包括 ECMWF 的人工智能 / 综合预报系统（AIFS），中国气象局的“风清”，复旦大学的“伏羲”1.0 和 2.0，上海人工智能实验室的“风乌”“风乌 GHR”，谷歌 DeepMind 的 GraphCast，华为的“盘古天气”，英伟达的 FourCastNet，阿里巴巴的 SwinRDM，微软的 Aurora 等。这些模型主要基于深度学习中 Transformer、图神经网络、神经算子网络、扩散生成模型等基础架构，来适配气象预报场景。这些技术的结合使气象预报大模型在处理大规模数据集、实时分析和极端天气事件预报等方面表现出突出的能力。相关研究显示，全球中期天气预报大模型在气候预测上也会有很好的表现，如微软 ClimaX 等。除此之外，还有一些专注于短期预报的人工智能气象模型，如中国气象局的“风雷”、谷歌研究院与谷歌 DeepMind 开发的模型 MetNet-3 等。以下简述 2023 年下半年以来的相关进展。

（一）气象机构推出的气象大模型

1. ECMWF 推出气象大模型 AIFS α、β 版

2023 年 10 月 13 日，在新的机器学习项目实施仅数月之后，ECMWF 即推出了其人工智能 / 综合预报系统（AIFS）第 1 版，该系统在约 1 分钟内可生成逐 6 小时的未来 10 天预测，输出结果以图形形式公开在 ECMWF 网站上，欧盟成员国还可以访问模拟数据进行分析。

AIFS α 版选择的深度学习算法是图神经网络，即谷歌 Deepmind 的 GraphCast 模型所采取的算法。通过使用图神经网络算法，AIFS α 版采用简化的高斯网格来代替传统的经纬网格，确保地球上任意位置的网格点之间保持几乎相等的距离。该网格也是现有综合预报系统 IFS 创建 ERA5 再分析资料和业务初始场的网格。此外，ECMWF 致力于构建一个灵活的代码库，

以便 AIFS 系统的任何一个组件可以被灵活替换。

该模型垂直方向有 13 层，在约 1° 的水平分辨率下运行，可对风、温度、湿度和位势高度进行预测。在地表，AIFS 可预测 2 米温度、10 米风、地表气压等。AIFS α 版以最小均方根误差为目标函数来进行训练，因此该版本是一个确定性预报模型。ECMWF 将定期更新模型以提高分辨率，并增加降水等预报要素。由于集合预报是做中期天气预报最有效的方法，所以下一步的重点是开发一个能够做集合预报的 AIFS 系统。

图 9.1 是 AIFS α 版与 IFS 预报的 2023 年 6—8 月北半球温带地区 500 百帕高度场的均方根误差对比。结果表明，虽然分辨率较低（约 100 千米，IFS 为 9 千米），但 AIFS α 版在该指标上与现有的综合预报系统 IFS 预报水平相当。

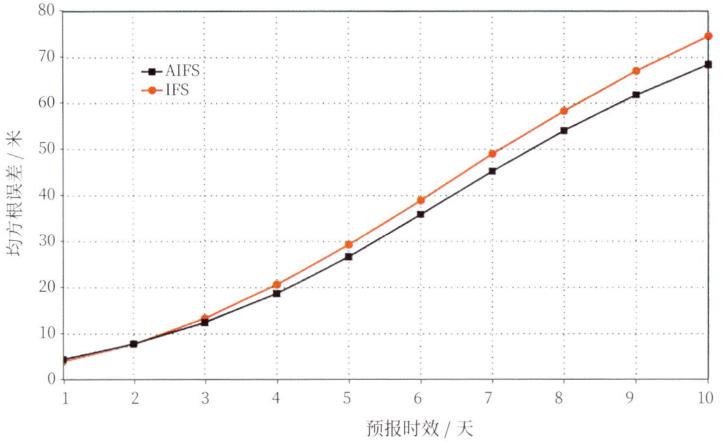

图 9.1 2023 年 6—8 月北半球温带地区
AIFS 和 IFS 在 500 百帕高度场的均方根误差比较

2024 年初，AIFS β 版上线，分辨率提高到 0.25°。通过 ECMWF 的开放数据服务器和 Open-Meteo API，用户可以比较 AIFS 预报与传统物理模型（如 ECMWF IFS）的准确性。

ECMWF 评估了 AIFS 对 2023 年 11 月初风暴“夏兰”(Ciarán)的预报能力。

结果显示，AIFS 能够很好地预测气旋系统的发展，但会低估风暴的强度。这是包括 AIFS 在内的所有数据驱动气象大模型的一个已知的弱点。

2. 中国气象局和清华大学、复旦大学联合开发 3 个气象预报大模型

2024 年，中国气象局发布人工智能全球中短期预报系统“风清”（以下简称“风清”大模型）、人工智能临近预报系统“风雷”（以下简称“风雷”大模型）和人工智能全球次季节—季节预测系统“风顺”（以下简称“风顺”大模型）。

“风清”大模型由中国气象局联合清华大学组建攻关团队研发构建。该模型具有大气强物理融入和可解释性，在实现高效计算的同时，可为预报结果提供物理可解释性依据，自动挖掘包括天气系统内在的物理演变。该模型的训练过程紧密结合物理守恒特性，可有效提升长时效预报结果的活跃度。该模型采用可扩展的多时效优化策略，可综合考虑未来多天预报的效果，有效延长预报时效，不断提升短中期预报效果。检验结果表明，该模型全球可用预报天数达到 10.5 天，超过欧美主流气象预报大模型，尤其是在较长预报时效，具有更为明显的优势。

“风雷”大模型由中国气象局与清华大学联合攻关团队研发构建。该模型聚焦临近预报的核心难题，将数据驱动与物理驱动两大科学范式紧密结合，显著提高了千米尺度下 0 ～ 3 小时雷达回波的预报能力，并实现深度学习与物理规律的无缝隙融合。同时，“风雷”大模型将物理模型的中尺度预报和人工智能的对流尺度预报有机融合，在预报准确性和细节丰富性上实现了突破。并构建了一套“数据—算力—平台”全流程短时临近预报系统，能够在 3 分钟内生成 0 ～ 3 小时逐 6 分钟的雷达回波外推产品，实现强回波预报技巧提升 25%。

“风顺”大模型由中国气象局联合复旦大学和上海科学智能研究院基于人工智能方法研发构建。该模型面向 15 天以上更大不确定性的气候预测

难题，创新引入基于流依赖的集合扰动智能生成技术，从而更加合理地抓住了未来气候系统演变的不确定性，同时还纳入了海—气相互作用关键过程，进而提升了对马登－朱利安振荡（MJO）的预测技巧。该系统在中国气象局智算平台上完成了业务部署，逐日滚动开展 100 个集合成员的大样本预测，形成了面向未来 60 天全球基本要素和极端事件的确定性和概率预报测试产品，对全球降水的预测技巧展现出一定的优势。

“风清”“风雷”“风顺”3 个大模型，完成了基于国产全球大气再分析资料 CRA-40、雷达观测资料、风云气象卫星遥感资料的训练和检验评估，有效降低了对国际再分析资料的依赖度。

3. NOAA 开放基于人工智能的 GraphCast GFS 全球中期天气预报试验产品

2023 年，美国国家环境预测中心（NCEP）建立了一个基于人工智能的全球中期天气预报试验系统——GraphCast GFS。该系统建立在谷歌 DeepMind 预训练的 GraphCast 大模型之上。GraphCast GFS 水平分辨率为 0.25°（约 28 千米），垂直方向分 13 层和 37 层两种，提供逐 6 小时的未来 10 天的高空大气和地表场预报，包括温度、风、位势高度、比湿和垂直速度等。NOAA 已将 GraphCast GFS 的预报产品作为开放数据存储在亚马逊网络服务云平台上，产品从 2024 年 2 月 5 日起开始存档。

GraphCast GFS 使用 NCEP 0.25° 的全球数据同化系统（GDAS）分析数据的当前和 6 小时前状态作为初始场，并对 GDAS 数据进行单位转换，以匹配 GraphCast 所需的输入数据。由于 GraphCast 是基于 ECMWF 的 ERA5 再分析资料进行预训练，为解决 GraphCast 基于不同天气模式训练的问题，NOAA 目前正在训练基于其存储的全球预报系统（GFS）天气预报的机器学习权重，以提高 GraphCast GFS 的预报准确率。同时，鉴于使用人工智能大模型进行天气模拟的计算需求很小，NOAA 也在探索利用 GraphCast GFS 进行集合预报的可能性。

（二）高科技企业研发的气象大模型

1. 谷歌短期天气预报大模型——MetNet3

2023 年 11 月，谷歌研究院与 DeepMind 合作开发了天气预报大模型 MetNet-3。该模型以 MetNet 和 MetNet-2 为基础，能够提前 24 小时对全球天气情况进行高分辨率预测，包括降水、表面温度、风速、风向和体感温度。MetNet-3 的关键创新在于使用了一种称为致密化（Densification）的技术。该技术通过神经网络将“数据同化”和“模拟”两个步骤合并在一起，实现更快更直接的天气预报，这将使 MetNet-3 模型在获取和处理资料时更高效，也能够利用神经网络来改善天气预报的准确性，并可使模型能够单独处理每一个特定数据流，包含等高信息、卫星信息与雷达信息等，进而获得更为准确且全面的天气预报。此外，采用“直接观测”的数据作为学习样本为 MetNet-3 模型带来了基于空间和时间的高分辨率优势，气象站和地面雷达站能够用每隔几分钟的频率，以 1 千米的分辨率提供特定位置的测量资料。

MetNet-3 模型已经集成到移动平台的“谷歌手机软件”天气预报中。MetNet-3 模型可创建“平滑且高精度”的预测，空间分辨率可达 1 ～ 4 千米，并以 2 分钟为分析区间。实验证明，MetNet-3 的预测能力超越传统数值天气预报及高分辨率快速更新模式（HRRR）。与其他建立在传统方法之上的机器学习方法不同，MetNet-3 可直接通过大气观测资料进行训练和评估，而这一方式的优点在于数据密度及分辨率更高。此外，除了学习先前 MetNet 模型的数据之外，MetNet-3 还学习了来自气象站的气温和风速观测数据，以尝试对所有位置进行全方位天气预报。

2. 微软气象预报大模型——Aurora

2024 年，微软发布首个气象预报基础大模型 Aurora，可用于预测和减轻极端天气影响。Aurora 采用灵活的 3D Swin Transformer 算法，具有基于 3D Perceiver 的编码器和解码器，拥有较高的准确率和效率，计算速度比 ECMWF IFS 提高了约 5000 倍。经过超过 100 万小时的天气模拟训练，具有 13 亿参数量，能以 0.1° 高分辨率运行，来捕捉大气过程的复杂细节，同时还保持了出色的多功能性，能预测温度、风速、空气污染水平和温室气体浓度等多种大气变量。Aurora 能够在不到 1 分钟的时间内生成 5 天的全球空气污染预测（0.4° 的空间分辨率）和 10 天的 0.1° 高分辨率天气预报，其表现优于最先进的传统数值预报模式和其他深度学习模型。测试结果显示，其有 74% 的目标表现优于目前最先进的大气化学模式。这表明该模型在数据稀疏或高度复杂的场景中具有解决问题的潜力。

3. 初创公司 Windborne 开发 WeatherMesh 气象大模型

随着更多的开源天气数据变得可用以及计算成本的大幅度降低，一些科创小公司能够有机会训练其行业领先的模型。2024 年，一家由斯坦福大学的学生和毕业生团队在 2019 年创立的 27 人的气球观测初创公司——Windborne，训练了一个名为 WeatherMesh 的天气预报大模型。

该模型基于 Transformer 的架构，开展了确定性预报和基于 51 个集合成员的集合预报，逐小时输出预报结果。其训练数据除了 ERA5 之外，还包括通过 Windborne 的气球网络获得的温度、风速和风向、气压和湿度的实时观测数据。WeatherMesh 模型是为业务应用设计的，已取代该公司原来使用的传统数值天气预报，为其气球观测网络提供导航服务。NOAA 表示，Windborne 公司的观测数据可以提高数值天气预报的准确性和及时性，已计划采购此类数据以供资料同化等业务使用。

4. 复旦大学发布“伏羲”气象大模型 2.0

2024 年，复旦大学发布面向产业应用的伏羲系列气象大模型 2.0（以下简称“伏羲”2.0）。相较于 2023 年推出的次季节尺度气象大模型“伏羲”1.0 系列，“伏羲”2.0 系列包括中期天气预报大模型、1 千米分辨率区域大模型、次季节气候预测大模型，面向新能源、航空运输等行业取得新进展。在气象导航方面，复旦大学与中远海运科技股份有限公司合作，“伏羲”2.0 实现未来 15 天 0.1° 逐小时气象预测，构建海—气耦合模型，纳入风浪、涌浪、海温等要素，提升全球风、浪、流、能见度等预测精度，能够对气象导航进行优化。同时，“伏羲”2.0 是首个针对新能源优化的气象大模型，能更准确地做风速、辐照和发电能力预测，能够优化风电和太阳能发电的效率、平衡电网负荷、减少弃风弃光等。在航空方面，“伏羲”2.0 研发了低云量、总云量等多个航空关注的气象要素，有助于预测飞行中可能遇到的积冰、颠簸、光线明暗不均等各种天气现象，提升飞行体验、降低行业成本等。在极端天气预报方面，“伏羲”2.0 通过采用扩散模型优化的方式，缓解模型预报的平滑问题，提高对极端降水和大风等极端天气现象的预报精度。

5. 上海人工智能实验室联合国家级气象机构发布“风乌 GHR”

2024 年，上海人工智能实验室联合国家气象中心、国家气象信息中心、南京信息工程大学、香港科技大学等机构发布全球高分辨率人工智能气象预报大模型“风乌 GHR”，首次借助人工智能实现对中期天气进行 10 千米级的建模与预报。采用原创的人工智能新算法，研究人员克服了数据稀缺等难题，将“风乌 GHR”的预报分辨率提升至 0.09°（9 千米 ×9 千米），对应的地表面积约为 81 平方千米，较此前的 0.25°（25 千米 ×25 千米），范围精确超过 7 倍，并通过多模态多任务的深度学习方法和数据再分析，将有效预报时长由 10.75 天提升至 11.25 天。

6. 谷歌发布融合物理和机器学习的通用气象预报大模型 NeuralGCM

2024 年，谷歌研究院研究人员在国际学术期刊《自然》杂志（*Nature*）上发表了一篇论文，介绍其与 ECMWF 等机构合作开发的 NeuralGCM 气象预报大模型。该模型结合了基于物理的大气环流模式和用于小尺度过程的机器学习技术，是既可以做天气预报也可以做气候预测的通用模型，结果比现有模型速度更快、计算成本更低、结果更准确。

NeuralGCM 包括两个关键组成部分：一个是可微分的动力学核心，用于求解离散化的动力学控制方程；另一个是使用神经网络方法对物理过程参数化的机器学习模块。NeuralGCM 的创新主要体现在两个方面：一是对于云微物理等小尺度过程，NeuralGCM 不使用传统的参数化方法，而是通过神经网络算法从现有天气数据中学习这些事件的物理特性；二是 NeuralGCM 在开源软件库 JAX 中从头编写了大尺度过程的数值求解器，使其能够进行“在线”调整来保证数值的稳定，并能够在 TPU 和 GPU 上高效运行。

研究训练数据集采用 1979—2019 年的 ECMWF ERA5 再分析数据，训练了一系列针对天气预报和气候模拟的 NeuralGCM 模型，水平分辨率分别为 0.7°、1.4° 和 2.8°。研究人员使用 WeatherBench 2 基准对其进行评估。评估结果显示，NeuralGCM 的确定性模型在 0.7° 分辨率下的性能与当前最先进的 ECMWF IFS 模式相当，天气预报可用预报时效可达 5 天。NeuralGCM 的 1.4° 分辨率集合预报模型在 2 ~ 15 天的预报精度上在 95% 的时间内优于最先进的 IFS-ENS 集合天气预报，在已发布的气象大模型中，NeuralGCM 是首个做到这一点的。NeuralGCM 在气候预测上也优于最先进的大气模型，在回报 1980—2020 年的 40 年全球平均气温时，NeuralGCM 的 2.8° 确定性模型的平均误差是全球大气环流模式比对计划（AMIP）中大气环流模式的 1/3。

在下一代全球数值预报的发展中，千米分辨率的全球数值模式是一个重点发展方向，如 NOAA 地球物理流体动力学实验室的试验性全球千米级风暴解析模式 X-SHiELD，这类模式虽然更准确，但计算成本较高。与 X-SHiELD（全球分辨率 0.03°，垂直 79 层）相比，NeuralGCM 的 1.4° 确定性模型在预测 2020 年的全球湿度和温度数据时误差减小 15% ~ 50%。

NeuralGCM 的计算速度比传统的基于物理的气候模式快了几个数量级，

计算成本也更低。其 1.4° 模型的计算速度比 X-SHiELD 快 3500 多倍，用 X-SHiELD 做 1 年的模拟需要 20 天，而用 NeuralGCM 只需要 8 分钟。使用 NeuralGCM 进行气候模拟的计算成本只是 X-SHiELD 的十万分之一，相当于高性能计算领域 25 年的进步速度。

（三）气象大模型国际对比

1. 全球中期天气预报大模型

本部分对全球 7 个中期天气预报大模型进行了初步对比，包括中国气象局（联合清华大学）、上海人工智能实验室、复旦大学、华为等机构开发的 4 个中国气象大模型。在 7 个大模型中，空间分辨率均为 0.25°，时间分辨率为 6 小时的有 6 个、为 1 小时的有 1 个；预报时长为 7 ~ 15 天（表 9.1）。可以发现，中国气象大模型的迭代升级速度加快。2024 年 3 月，上海人工智能实验室推出“风乌 GHR”，全球水平分辨率提高到 9 千米。2024 年 6 月，复旦大学推出“伏羲”2.0 版，逐小时预报，服务新能源、航空等行业需求。

2. 短时临近、短时降水预报气象大模型

全球 10 个短时临近、短时降水预报气象大模型（包括中国高校开发的 4 个大模型）的初步对比情况见表 9.2。

表 9.1 全球中期天气预报人工智能气象大模型

模型名称	发布时间	开发机构	骨干模型	时空分辨率	预报时间	训练数据	高空预报要素	地面预报要素	模型特点
FourCast Net	2022年2月	英伟达	Fourier Neural Operator + Transformer	0.25°，6小时，全球	7天	ERA5 40年	4层，5变量(z/r/T/u/v)	5变量(T2m/10u/10v/msl/tp)	首次应用Transformer预报大模型
盘古天气	2022年11月	华为	3D Swin Transformer	0.25°，1小时，全球	7天	ERA5 39年	13层，5变量(z/r/T/u/v)	4变量(T2m/10u/10v/msl)	构建了3D Vision Transformer预报大模；首次部分预报精度超过ECMWF-IFS
Graph Cast	2022年12月	DeepMind	Graph neural networks	0.25°，6小时，全球	10天(60秒)	ERA5 39年	37层，6变量(z/q/T/u/v/w)	5变量(T2m/10u/10v/msl/tp)	基于图神经网络模型的预报大模型，90%变量全时效超过ECMWF-IFS
风乌	2023年4月	上海人工智能实验室	Multimodal Transformer	0.25°，6小时，全球	14天(30秒)	ERA5 39年	37层，5变量(z/r/T/u/v)	4变量(T2m/10u/10v/msl)	80%的评估指标超过ECMWF-IFS，首次可用预报时效达到10.75天
伏羲	2023年6月	复旦大学	U-Transformer	0.25°，6小时，全球	15天	ERA5 39年	13层，5变量(z/r/T/u/v)	5变量(T2m/10u/10v/msl/tp)	可用预报时效达到15天，精度与ECMWF集合平均预报相当
AIFS-β	2024年2月	ECMWF	Graph neural networks	0.25°，6小时，全球	10天(60秒)	ERA5和ECMWF HRES Analysis	13层，6变量(z/q/T/u/v/w)	6变量(T2m/d2m/10u/10v/msl/sp)	第一个由国家水文气象部门推出的气象大模型
风乌GHR	2024年3月	上海人工智能实验室	Multimodal Transformer	0.09°，全球	11.25天	ERA5 39年	与风乌类似	与风乌类似	首次借助人工智能实现对中期天气进行10千米级的建模与预报
风清	2024年6月	中国气象局联合清华大学	神经状态转移架构Transitor	0.25°，6小时，全球	15天(3分钟)	CRA40 39年	13层，5变量(z/r/T/u/v)	4变量	可用预报时效达到10.5天，基于人工智能技术与气象机理有机融合，数据和模型中国自主可控
伏羲2.0-中期	2024年6月	复旦大学	U-Transformer	0.25°，1小时，全球	15天	ERA5 39年	13层，5变量(z/r/T/u/v)	5变量(T2m/10u/10v/msl/tp)	除中期预报大模型外，次季节气候预测大模型能在约7秒内完成未来42天的全球逐日预报，有效提升对马登－朱利安振荡的预测技巧
Neural GCM	2024年7月	Google&ECMWF	遵循传统模式架构，结合神经网络算法	确定性预报0.7°/集合预报1.4°，6小时，全球	5天/15天	ERA5 39年	类似传统模式	类似传统模式	首次结合了基于物理的大气环流模式和用于小尺度过程的机器学习技术，2～15天的集合预报在95%的时间内优于ECMWF-ENS

表 9.2　短时临近降水气象大模型①

模型名称	预报对象	算法	训练算力
Google MetNet	以 1 平方千米、2 分钟的精度预测未来 8 小时的降水量	使用轴向自注意力机制构建深度神经网络模型	256 块谷歌 TPU
DeepMind DGMR	预测未来 5 ~ 90 分钟的临近降水预报，1536 千米 ×1280 千米	深度生成模型 DGMR	—
Google MetNet2	提前 12 小时进行降水预报	通过 LSTM、卷积残差块构建模型	64 个 TPU 芯片（128 个 TPU 核心）
Google MetNet3	提前 24 小时进行降水、表面温度、风速、风向和体感温度预报	关键创新是致密化(Densification)技术，在 Google 天气中业务运行	512 个 TPUv3
上海交通大学 PredRNNv2	1 小时雷达回波外推	基于时空记忆流机制、ST-LSTM 模块	—
中山大学 PTCT	未来 2 小时和 1 小时的雷达回波图	基于 3D 时域卷积的 Transformer 网络	4 块 Nvidia V100 GPU
马斯特里赫特大学 AA-TransUNet	预报未来 0.5 小时的降水图	在 TransUNet 的基础上，增加了卷积块注意力模块 CBAM、深度可分离卷积 DSC 模块、注意力增强模块	1 块 Nvidia P100 GPU
香港科技大学 Earthformer	降水预报	基于长方体注意力模块的层次化 Transformer 编解码模型	多块 Nvidia V100 GPU
瑞士气象局 LDCast	降水预报	基于潜在扩散模型（LDM）和自适应傅里叶神经算子（AFNO）	—
中国气象局联合清华大学 NowcastNet*	3 小时降水预报，20 千米 ×20 千米 10 分钟，区域	端到端建模降水物理过程的神经演变算子	—

注：* 2024 年中国气象局联合清华大学发布的人工智能临近预报系统“风雷”大模型即是在 NowcastNet 基础上迭代和国产数据替代形成的。

① 资料来源：根据公开文献整理。

第十章 欧美推动气象观测发展的主要机制*

当前，气象观测呈现出面向地球系统的智能化、组网协同化等发展趋势，美国、欧洲等国家和地区的气象部门更加重视通过优化观测装备研发、站网布局、装备运维以及数据应用等重要环节的运行机制，来统筹推动气象观测系统的科学发展，努力实现气象观测综合效益的最大化。

一、装备研发与生产

总体来说，美国气象装备主要由NOAA的下属部门国家天气局（NWS）主导，多家企业先按照指南进行研制，然后经过评估遴选少数厂家进行业务样机研制，之后经过对比测试和试验评估，最终按照观测业务需要确定极少数机型进入业务许可。针对获得许可的机型，通常由NWS联合相关厂家、大学和研究机构制定出严格标准并进行共同研制，再通过试验定型，装备机型在一定期限内不再进行大的改动，按照行业需求或业务差异采用分类供应的办法。

（一）形成分级研发机制

2016年，NOAA海洋大气研究院（OAR）组建联合技术转化倡议（JTTI）项目。为落实JTTI项目，2016年NOAA以局长令形式发布《研究和开发

* 执笔人员：唐伟 于丹 樊奕茜 李萍 肖芳

过渡政策》。2017 年，美国将 JTTI 项目写入《2017 年天气研究和预报创新法案》，并制定 1 ～ 9 级分级研发政策，推动科研与业务的融合。根据该研发政策，所有研究项目均按照与业务化的“距离”划分为 1 ～ 9 级（用 RL 表示），具体如下：

RL1：基础研究、实验或理论工作，没有任何特定的应用或用途，主要面向一些未来有可能应用的广泛领域。

RL2：应用研究，针对一个特定的、实际的目标而进行的原创性研究，主要是为了明确基础研究的可能用途，或为特定和预定目标确定新方法。

RL3：研发早期阶段，系统、流程、产品、服务或工具的概念验证，包括可行性研究。

RL4：研发中间阶段，在实验室或其他试验环境中成功评估系统、子系统、过程、产品、服务或工具。

RL5：研发最后阶段，通过测试和原型设计成功评估相关环境中的系统、子系统流程、产品、服务或工具。

RL6：原型系统、子系统、流程、产品、服务或工具在相关或测试环境中的演示。

RL7：在业务或接近真实业务环境中演示的原型系统、流程、产品、服务或工具，子系统组件完全集成到系统中。

RL8：经过测试的最终系统、流程、产品、服务或工具，并在用户环境中按预期运行；完成用户培训和文档；获得用户认可。

RL9：常规业务部署和使用的系统、流程、产品、服务或工具。

在 JTTI 中，完成了 RL8 级就能够迅速业务化，极大地提高了研究成果向业务转化的效率。截至 2022 年，JTTI 分别支持了外部 102 项和内部 24 项，总计 126 个项目，JTTI 成果已经在 NOAA 的一些核心天气和气候产品中显现，取得了较好效果。

从具体情况看，2022 财年 JTTI 支持的外部项目侧重于来自学界、非营利机构和私企的转化项目，以提升项目的竞争性。支持项目的起始等级划定在 RL4 级及以上，资助强度为每年 30 万美元，持续 3 年。JTTI 的这一新定位，能为 NOAA 更好地利用“外脑”提升其业务能力。学界和企业也更愿意围绕 JTTI 列出的研发方向调整自己的研究技术路线，确保项目与 NOAA 的业务重点一致。在 NOAA 内部，进入 JTTI 的项目则需要在 RL6 级及以上，资助的强度达到每年 50 万美元，持续 3 年。

（二）建立“预研用”迭代式推进机制

美国在天气雷达的发展过程中建立了“探索预研一代、研制生产一代、列装应用一代”的创新发展机制，并与数据应用协同研发，研发周期长达数十年，但是其建设周期短，业务应用快且综合效益较高。

美国下一代天气雷达网（NEXRAD）研发周期长达数十年，研发完成后按照统一型号进行生产和建设，因此生产和建设周期较短，第一台于 1993 年投入使用，在接下来的 5 年里全部部署应用。同时，在建设时就已备齐未来业务运行期间所需的备件。NEXRAD 在生产之前已经实行统一严格的硬件、软件配置。主要由联邦气象服务和支持研究委员会下设的联合系统项目办公室负责制订联合操作要求、NEXRAD 技术要求和研发计划等一系列关键文件。

截至目前，相控阵雷达的研发已进行 20 多年。2021 年，美国国家强风暴实验室（NSSL）提交了包括 70 多项测试约 500 页的相控阵雷达先进试验平台 ATD-1 系统的测试总结。2022 年开始，组织实施 ATD-2 的研制并突破 3 项关键技术，同时开展相控阵雷达资料的数值模式同化、在预报中应用观测数据等。

在硬件与软件方面，美国天气雷达控制软件由厂家和 NWS 联合研制，产品软件由雷达业务中心独立开发，核心部件之信号处理器及算法由第三方供应。欧洲雷达来自多个生产厂家，雷达端软件一般由雷达厂家负责，各国用户基于数据共享标准进行二次雷达产品开发。日本、韩国等国家的雷达装备以引进国外先进装备为主，非常重视雷达应用算法和运行控制软件的研发，设有雷达中心等专门机构从事相关研发工作并在较短时间内取得高水平业务技术进展。

（三）多元创新主体共建研发基础支撑平台

美国高度重视创新体系中的基础支撑平台建设，通过 NOAA 与高校联合成立研究机构，高校、研究所联合建立雷达试验基地，创建试验平台和测试场等多种方式，并提供固定的、充足的经费投入，充分利用“政学研企”多方创新主体开展协同研发。

美国国家强风暴实验室（NSSL）和俄克拉荷马大学共建的灾害性和高影响天气研究和业务合作研究所（CIWRO），是 NSSL 的主要创新力量之一。NSSL 设立了独立的 CIWRO 主任办公室，来推动业务能力提升和学科发展的相互促进。同时，NWS 通过设立研究项目、提供固定研究经费（给俄克拉荷马大学每年 100 万美元）和科学家薪资等方式，推动合作研究所的发展。

NWS 与多家大学、研究所联合建立 7 个天气雷达试验基地，设立 S/C/X 等机械扫描和相控阵雷达试验平台，开展新技术研究、试验、转化等工作。雷达业务中心（ROC）和 SIGMET、RSIS 以及 Unisys 等公司联系紧密，这些公司在预研究阶段就充分参与探测技术的研发，为后续样机生产和对比打好基础。

NOAA 设立灾害天气试验平台、航空天气试验平台等数十个试验平台和测试场为业务提供基础支撑。2019 年和 2021 年，灾害天气试验平台的试验次数分别为7次、8次，参加人员分别达到270人、380人，而且测试检验了多个准业务化产品，极大地促进了研究和业务的交流。

（四）装备生产采用市场竞争机制

利用市场机制进行公开、充分竞争是美国政府采购制度的核心。从具体情况看，美国自动地面观测系统（ASOS）的55套测试产品先由遴选出的3个公司进行生产和安装，经测试后确定一家厂商获得生产合同进行批量生产。美国新一代天气雷达先由3个公司共同进行概念开发和验证，随后Raytheon和Unisys公司获得验证阶段的竞争性合同，最后Unisys公司获得全部批量生产合同。通过市场竞争，由最优的厂家来批量生产，保证了产品标准的统一或者型号的统一。

美国自动地面观测系统（ASOS）的建设流程

ASOS的建设分4个阶段进行：

1. 1988年4月，价值3400万美元的ASOS试验产品开发合同开始招标；

2. 1988年10月评标（主要是设计评估）完成后，又于1989年3月和5月分别完成了硬件设计和软件设计评估，开发合同于1989年6月签署；

3. 1990年，55套ASOS“测试产品”交付给3家机构进行生产，并主要安装在美国平原的中部和南部；

4. 1991年2月，厂商AAI赢得ASOS生产合同，批量生产ASOS设备。

在 ASOS 系统的实施过程中，主要特点包括：

1. 55 套示范性试验产品先于大批量产品的开发和研制，起到了很好的作用，为主要设备厂商的规范化生产创造了条件和技术依据；

2. 系统涉及到 NWS 和联邦航空管理局及国防部，三家机构经过协商，通过“跨机构协议备忘录”的方式，简约而实效地解决了共同建设的观测网在标准化、观测规范、共同维护和资料传输等方面存在的问题；

3. ASOS 实现了基层台站观测人员的精简和维护费用的节约。

二、站网布局建设

（一）观测系统模拟试验评估是美国政府拨款的主要依据

美国《2017 年天气研究和预报创新法案》规定，任何持续发展周期内超过 5 亿美元的项目都要通过观测系统模拟试验（OSSE）方法来进行评估，国会根据评估结果确认是否拨款及数额，从而保证站网布局建设的实际效益。

OSSE 是一种建模实验，用于在没有实际观测数据的情况下评估新观测系统的价值，分析新的观测系统是否会提高数值天气预报的准确率和价值，用以评估 NOAA 的观测系统架构并确定优先级。例如，俄克拉荷马大学已经开展了风暴探测 OSSE，以评估在数值天气预报中使用双极化雷达数据的价值，同时测试不同的扫描策略和网络配置。在美国本土范围内，OSSE 也可用于评估增加垂直廓线观测密度的价值。除了 OSSE 之外，还有一种观测系统试验（OSE），主要采用观测仪器的真实数据评估观测系统对 NWP 的影响。

（二）出台政策支持向私营企业购买部分气象数据

近年来，美国通过制定一系列政策和法案，鼓励政府和私营企业共同提供气象数据。

2014年，众议院通过《天气预报改进法》，规定NOAA当年预算中的1400万美元用于技术转让，其中硬性规定外购技术需占20%以上。NOAA与企业的实质性技术合作就此开始。2016年，NOAA与GeoOptics和Spire Global两家公司签订合同，购买全球定位系统无线电掩星数据。这是NOAA首次向企业供应商购买卫星天气数据，并持续到2023年依然保持采购商业数据。另外，美国法案要求NOAA将购买商业数据常态化，否则就要接受国会代表的质询。

（三）跨部门统筹共建国家气象观测网

美国天气雷达网和地面自动观测系统，都是为满足NOAA、联邦航空管理局和国防部3个部门的共同需求而建设的国家观测网，并由3个部门公平分摊建设和运维费用。

为高效便捷地解决共建的观测站网中标准化、观测规范、共同维护和资料传输等多方面的问题，美国商务部、运输部和国防部作为代表共同协商签署了跨机构协议备忘录。国防部每年向NWS拨款以支持气象业务，包括新一代天气雷达服务周期延长计划和设备维护等项目运行。

三、装备运维保障

（一）设立专门机构负责维修保障

美国建成完善和规范的气象观测业务技术支持系统，观测仪器设备维护、维修、供应都由相应的单位承担，实现了资源集约化和合理配置。

美国在新一代天气雷达原型设计阶段就已经开始建立相应的雷达运行与维护机制，主要由装备管理部门（国家保障支持中心、国家维修中心）、培训部门（NWS 培训中心）、技术指导部门（雷达业务中心）以及保障实施部门（地方气象台）共同支撑美国天气雷达的运行、远程技术支持、现场维护维修、备件维护维修、备件供应与寿命跟踪及软硬件技术升级改造等雷达综合保障工作。

其中，国家维修中心负责维修全国的新一代雷达、地面自动观测系统、高空观测系统、AWIPS 系统、风廓线雷达和气象广播电台等设备，至少每 3 个月要对地面自动观测系统进行定期检查和维护。雷达装备保障人员所在的地方气象台是美国雷达保障的一线部门，全国 122 个地方气象台负责保障所属观测站的运行、观测业务的维护和维修工作。

（二）重视气象计量标准、国际比对及校准机构建设

WMO 建立了溯源至国际基本单位制（SI）的气象计量传递体系。WMO 要求对气象观测量值进行计量校准与维护，以保证气象观测量值的准确性和可比性。根据各国国情的差异，计量校准由各国计量技术机构或者气象部门计量机构完成。目前，世界各国普遍形成了覆盖全国包括温度、湿度、降水、气压、风速和太阳与地球辐射、日照、雪深等地面基本观测项目的气象计量业务链条，溯源至国际基本单位制。欧美国家普遍采用自下而上的计量校准技术体制，通过计量实验室的互认，保证气象观测数据的可比性；通过国际关键比对，保证本国气象测量体系与全球测量体系的一致。

美国由隶属于NOAA空气资源实验室的大气湍流与扩散部每年将温度、风速和太阳辐射传感器与美国国家标准与技术研究研（NIST）的传递标准进行标校。雨量计是利用标定砝码现场完成校准。数据采集器的校准是在

大气湍流与扩散部完成，参考电压和频率由 NIST 传递标准提供。NOAA 地球系统研究实验室全球监测部内设太阳辐射校准实验室和 UV 校准实验室两个机构，负责太阳与地球辐射标准的量值溯源和量值传递。

最后，需要注意的是，不同的国家其观测运维保障方式存在很大的差异。美国由 NWS 设立专门机构来负责运维保障，而日本、韩国等主要采取社会化保障方式以节约成本。

四、气象数据应用

（一）注重观测数据的标准化

在观测数据标准化方面，美国主要是在设备端统一型号，并通过跨机构气象协调办公室制定和颁布观测手册的方式推进联邦层面气象观测和气象数据的标准化，该手册定义了气象观测、气象数据和元数据标准，并规定这些标准适用于所有联邦机构。欧洲则通过建立天气雷达通用数据标准，来实现各成员国雷达数据的交换，并制作雷达拼图。

（二）注重在政府机构主导下，开发通用、开源的软件开发环境和算法平台

欧美国家通过由政府主管机构主导开发开源软件工具、算法平台等，推动可移植性、互操作性，数据共享共用和相关算法开发。如美国新一代天气雷达系统在 1996 年建立产品升级计划时，提出开发一个雷达通用操作和开发环境（CODE），由 NWS 来研发。CODE 的研发标志着雷达算法和产品开发进入了一个新的时代。CODE 有两个版本，一个是 NWS 版，仅限于 NWS 和美国政府机构内部分发；一个是公共版，源代码对外开放。

（三）注重建立统一规范的数据获取流程和收费标准

气象观测数据作为公共信息资源的一种，在发达国家数据政策的框架下，通过统一规范的开放获取或成本回收服务，实现高程度数据开放。调研显示，美国、英国、德国、法国、挪威、瑞典、瑞士、荷兰等气象机构已将存档的雷达数据开放给机构以外的研究人员使用。总体来看，全球各国天气雷达数据获取模式主要有以下四种：一是通过门户网站对实时数据和存档数据开放访问（如美国）；二是对存档产品开放访问而对实时数据有限开放访问（如德国）；三是出于科学目的通过申请许可证的方式免费访问雷达数据，如欧洲天气雷达信息交换业务计划（OPERA），OPERA 除了免费开放给 OPERA 和欧洲气象网（EUMETNET）成员机构使用之外，还通过建立针对科研、教育等的许可证制度向第三方提供，保证数据获取流程统一规范；四是出于商业或科研目的购买存档的雷达数据。

（四）注重数据质量控制体系的建设和数据质量评估

德国、美国等国家通过设备段、台站段、站网段相结合的实时质量控制方法，明确了质量控制分级分类标准和流程，建立了完善的分级分类质量控制体系。在数据质量评估方面，欧洲、美国、日本等国家和地区在探空资料精细化评估、应用以及与其他观测系统交叉检验校准方面取得了显著进展。ECMWF 以全球预报模式为基准，每月发布 ECMWF 全球数据质量监测评估报告，对不同要素、不同高度层观测数据的“数据可用性”和“数据质量”等进行评估，形成可疑台站清单；日本气象厅以其全球预报模式初始场为基准，定期发布月报告和半年报告，报告中包括生成低质量观测数据的可疑台站综合清单。

总体来看，欧美推动气象观测发展的机制和做法主要有三个特点。一是多措并举加快推动观测发展。一方面，以立法的方式促进观测的投资和技术进步。美国通过制定法律努力确保其领先水平，并在数值预报等方面超越欧洲，法案特别强调通过建立装备试验和测试平台，开展春季观测预报试验、飓风试验等观测预报互动试验，这些有力举措推动了科研与业务融合以及观测预报关键技术的创新。另一方面，以规划协调和投资驱动跨部门合作。美国通过几十年的科学合理规划和跨部门协调机制，形成了集全社会、全行业力量和资源，共同推进气象观测技术创新发展的模式，建成了比较完善的气象观测业务技术体系和机制。二是实施开放协同研发机制。美国基本建成了气象雷达技术发展的完整体系，即首先由多个大学和研究机构开展基础性和理论研究实现气象雷达原理样机创新；然后由业务部门（NOAA）、大学和研究机构联合雷达制造商（NWS的合作伙伴）长期开展工程化试验，试验取得工程样机以及观测方法、质量控制方法、气象雷达设备功能需求书等一系列成果；最后，将成果转化给有关合作伙伴（多个企业）进行样机生产，通过充分的市场化竞争机制选择最优厂家来批量生产观测设备。三是实施高效的科研成果业务转化机制。美国通过建立研究和开发过渡政策（1～9级），建立试验台和测试场，开展春季预报试验、飓风试验等观测预报互动试验等，推动科研成果业务转化。注重实施观测“先行计划”，如在雷达布局建设前期，有数十年的“先行”试验期，在卫星研发应用上欧美也实施了类似的“先行计划”。

第十一章　全球航空气象业务主要进展*

全球民航运输业的飞速发展，使天气对航班运行安全的影响越来越成为人们关注的重点。近年来，全球主要国际组织及部分发达国家和地区在航空气象业务发展方面取得了重要进展，为民航运输安全提供了重要保障。

WMO 和国际民用航空组织（ICAO）在航空气象服务、国际标准和规范、气象研究等方面开展了合作。WMO 设立专门机构牵头负责相关工作[①]，以支持国际民航领域的安全和效率。在国际标准规范制定方面，自 2013 年 10 月起，WMO 和 ICAO 开始实施新的航空气象数据传输规范（IWXXM），并制定了一系列基于 XML 格式的标准。IWXXM 包括 ICAO 附件Ⅲ和 WMO 第 49 卷第二版中标准化的产品基于 XML / GML 的表示形式，如例行天气报告（METAR）、特殊天气报告（SPECI）、航站天气预报（TAF）、重要气象情报（SIGMET）、低空重要气象情报（AIRMET）、热带气旋咨询、火山灰咨询和太空天气咨询等。两个组织共同制定了一套气象观测标准和手册，用于指导飞行员进行准确的天气观测和报告，包括风、气温、气压等气象要素的观测要求和方法，以确保飞行安全。这些标准涉及航空气象数据的传输、交换、质量和服务能力评估等多个方面，有助于提高航空气象服务的质量和效率。

---

*　执笔人员：谭娟　陈飘　张诗歌　刘林　刘玉娇　李萍　何静怡

①　原为 WMO 下设的航空气象委员会，2019 年 WMO 机构改革后由服务委员会下设的航空气象委员会承担相关职责。

一、中国航空气象业务

（一）中国民航部门航空气象业务

中国民航部门的航空气象业务在保障航空安全和提高运营效率方面发挥着重要作用。从20世纪50年代开始，随着机场的开航设置了机场气象台。20世纪90年代，随着飞行量的增加，为了加强资源共享、减少重复劳动、提高工作效率，北京、沈阳、上海、广州、成都、西安、乌鲁木齐7个机场气象台逐步建成中心气象台，后来逐步发展成7个民航地区气象中心。2008年，为了适应民航运行管理、航空公司集中运行控制、流量管理、协同决策等各方面的需要，中国民用航空局空中交通管理局航空气象中心（以下简称“民航气象中心”）正式成立。

2022年，全国定期航班通用机场达到253个。围绕飞机运行安全需要，民用航空气象服务形成了以民航气象中心为业务龙头，民航地区气象中心为业务骨干，机场气象台（站）为业务基础的三级航空气象业务体系（图11.1）。三级气象服务机构包括1个民航气象中心、7个地区气象中心和200多个机场气象台（站），9个国际航空气象监视台（由7个民航地区气象中心和武汉、海口机场气象台承担），1个中国民航飞行气象情报交换中心（民航气象中心信息室兼任）。中国民航分别在华北地区气象中心和中南地区气象中心设立了两个对空广播站，提供主要机场最新的机场例行天气报告、趋势预报和机场预报，用户为航路上的飞行机组。

民航气象系统先后建立了运行信息通报机制、质量监控机制、天气会商与协调机制、技术装备维护维修技术支持机制、系统应急联动机制和用户反馈机制，建立了分级预警预报与服务模式，初步形成了一体化的运行机制。

在航空气象探测方面，目前中国有大型机场30多个、中型机场100多个、小型机场200多个。民航气象系统44个机场分局（站）均配有自动气象观

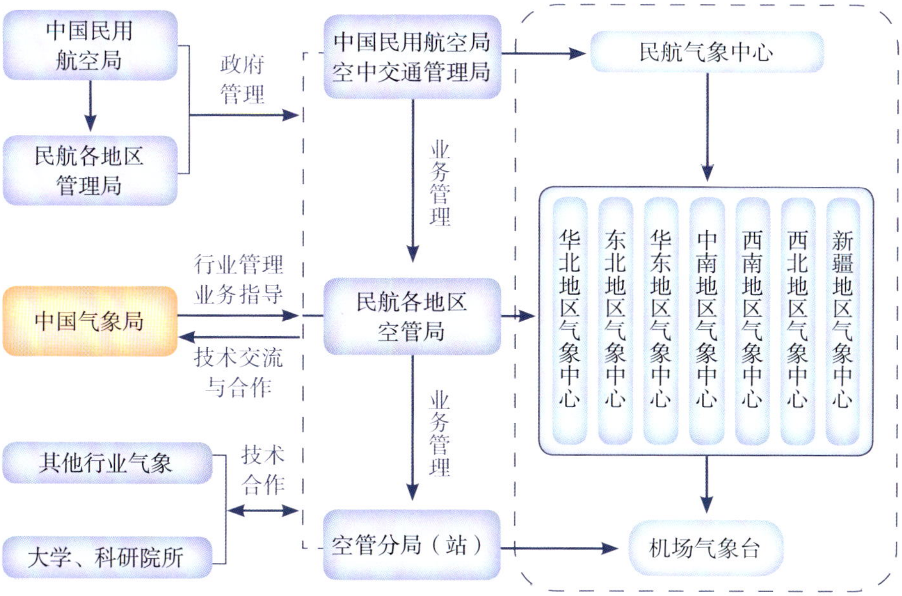

图 11.1　民航气象业务运行体系示意图

测系统，北京、天津、上海虹桥、杭州、南京、乌鲁木齐等 23 个大中型机场配备多普勒天气雷达，部分机场应用数字化天气雷达或通过引接气象部门的天气雷达终端，获取机场及其附近强对流天气的探测资料。近几年，北京、上海浦东、广州、昆明、西安和乌鲁木齐共 6 个机场安装了风廓线雷达，实现机场固定位置上各高度层的风场监测。

在资料收集与处理方面，建成了民航气象数据库备份系统，部分地方机场接入民航气象数据库系统及华北、西南地区自动气象观测数据网；整合现有气象资源，实现气象信息快速交换和共享；统一服务模式，建立民航气象信息共享与服务系统；从中国气象局获取共享资料，包括天气雷达资料、自动气象站资料、雷电探测资料等。

在预报预警产品方面，目前已实现无缝隙的航空气象预报和服务，从时间范围看，包括 1 小时预报、2 小时预报、6 小时预报、9 小时预报、24

小时预报、48 小时预报、未来一周天气趋势、国家重大活动或者部分国家法定节假日的航空天气趋势预测、冬季和夏季气候趋势预测；从空间覆盖范围来看，已经实现从点（机场）到线（航线）再到面（终端区或者飞行情报区域）的覆盖；从要素来看，已经覆盖航空气象所关注的全部要素，包括风速、风向、主导能见度、跑道视程（RVR）、天气现象、云量、云高、温度、露点、气压等。目前，民航气象服务渠道主要有机场内设局域网、对航空气象广播、现场气象服务、视频天气咨询讲解、电话、传真、短信、微博、微信、互联网服务平台等，服务对象包括航空公司、空中交通管制部门、机场、通用航空、航空旅客等（图 11.2）。

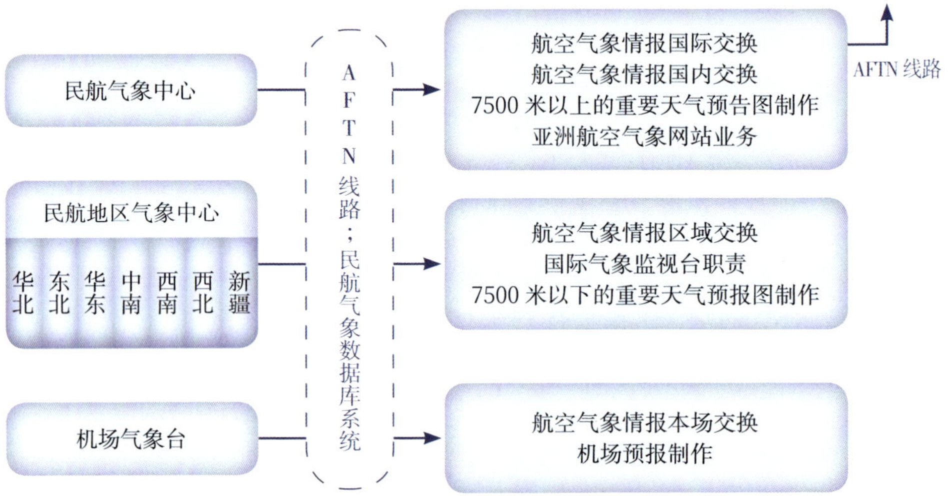

图 11.2 民航气象数据传输系统示意图

总体来看，中国民航部门的航空气象业务已经具备了一定的规模和技术能力，但其业务范围主要局限于民用航空和大型机场，对于中小机场和通用航空的服务覆盖不足。随着民航运输业的快速发展，民航部门面临气象技术和装备更新，以及服务需求更精细化等方面的挑战。

（二）中国气象部门航空气象业务

目前，中国航空气象预报服务主要由民航及空军下属气象部门开展。气象部门部分地面气象观测站承担航危报编发任务；绝大多数气象部门尚不具备航空气象预报业务能力，仅内蒙古、新疆、湖北等省（自治区）气象部门在一些支线机场开展了现场低空气象服务保障，并针对通用航空领域（上海、福建等）探索研发了一些服务产品，其余大多数省份以提供气象资料服务为主。

气象部门的航空气象业务，目前主要在国家级和地（市）级开展。

国家级层面，国家气象中心依托全球数值预报解释应用技术，初步建立了全球航路指导预报、危险天气指导预报；基于全球气象观测、飞机报、闪电、卫星拼图等开展全球航危天气监测；建立覆盖全国230个重要机场及全球主要机场的航站天气指导预报；基于多源观测资料和对流可分辨模式，建立中国区域低空空域航危天气监测和预报技术；研发航空气象业务平台，建立航空气象指导网；与民航局、香港天文台合作建立亚洲航空气象中心，国家气象中心作为技术支持中心主要提供以智能网格预报为基础的亚洲区域天气要素精细化预报产品，同时提供SIGMET的相关指导产品，主要包括结冰指数、颠簸指数、对流性降水、沙尘预报、雷达拼图、卫星云图等相关数值预报及实况监测产品。国家卫星气象中心开展影响航空通信安全的空间天气指数监测预报业务。中国气象局公共气象服务中心和国家气象信息中心均面向航空公司推出了一些初步的产品和数据服务。

地（市）级层面，全国共有9个气象台承担了民用航空气象预报业务，主要开展机场预报与预警、航线预报、航空气象保障服务等工作；有98个地（市）级气象台与当地民航气象台开展了预报业务合作，通过联合会商、资料共享、预报技术交流等方式为民航提供气象服务。

上海和福建气象部门在航空气象服务方面进行了积极探索。上海针对国产大飞机试飞等航空气象服务，有针对性地发展了短时临近预报支撑技术；开发了航空气象数值预报解释应用产品；基于高分辨率 EC 模式和区域预报模式开发结冰、颠簸、强对流、低云、能见度等航空气象特色产品；发展本地化的飞机积冰潜势预报算法和低云的预报算法，完成机场和航线预报产品开发；基于精细化格点预报业务、短时临近预报技术和高分辨率数值模式，开发华东主要机场预报产品，预报要素包括天气现象、雨强、温度、风、相对湿度、云量等常规气象要素和强对流、能见度、云底高度等航空气象要素；开发航空气象预报服务平台，开展基于影响的预报产品开发和航空气象业务服务试验；推进“上海高影响天气监测与预警系统—航空气象版”的建设、研发和业务试用。福建在通用航空服务领域开发了一些产品，并开展了一些通航气象服务实践。

总体来讲，虽然气象部门的航空气象业务有一定发展，但还存在较多短板，特别是随着低空经济发展，需要气象部门与民航部门积极开展交流合作，进一步完善数据共享共建，实现气象与航空信息的融合；需要探索建立有效的业务流程和服务机制，加强技术研发、建立信息化业务平台等。

中国香港航空气象业务

1946 年，香港启德机场正式开放，成为香港第一个国际机场。与此同时，航空气象服务开始起步。初期的气象服务主要依赖人工地面观测和简易的气象设备。1951 年，香港天文台（HKO）成立航空气象中心，为航空公司提供基本的天气预报和预警服务。1998 年，香港国际机场（赤鱲角机场）启用，成为香港新的航空枢纽，新机场配备了先进的航空气象设施，包括多普勒天气雷达、风切变探测系统和自动气象观测站。2000 年，香港天文台进一步引入数值天气预报技术，提高了天气预报的准确率和时效性。2006 年，开发了机场气象信息系统（AMIS），集成多种气象数据，为机场运营提供实时的气象支持。

目前，香港的航空气象服务由香港天文台负责。香港天文台拥有先进的气象观测设备和技术，包括雷达、卫星遥感、自动气象站等，能够实时监测和预报香港及周边地区的天气情况。此外，香港天文台还与其他相关机构紧密合作，分享气象数据和信息，提高气象预报的准确率和覆盖范围。

在航空气象观测方面，香港天文台气象监测系统包括：一套机场自动气象观测系统，用于探测香港机场地面气象要素；一部机场多普勒天气雷达，探测机场区域范围天气情况；两部激光雷达，探测跑道上空风场情况；两套云幕仪，测量机场范围云底高；两台气流剖析仪，探测垂直风场；以及分布在机场周边的 5 台浮标气象站及多套测风仪。香港天文台利用气象仪器的数据系统，每分钟更新跑道两端 3 海里范围内的风切变和湍流预警，并提供图像供空中交通管制人员使用。

在航空气象预报方面，主要采用的航空气象预报手段包括数值天气预报及人工智能与大数据技术。数值天气预报依托全球和区域数值天气预报模式，使香港天文台能够提供高精度的天气预报，为航空运营提供支持。此外，香港天文台致力于将人工智能应用于航空气象，通过大数据分析机场航班流量、识别卫星图像中的气流变化，以及从天气照片估算能见度等信息，同时拓展与天气相关的数据应用。

在航空气象服务方面，香港天文台利用临近预报技术，开发了世界上首套具有探测和预警功能的自动化机场业务闪电警告系统，系统的红色预警的捕捉率平均达 90%；2013 年推出机场分区闪电预警，提高机场地面工作的安全性，缩短警告生效时间，减少对核心区域运作的干扰；香港天文台还利用香港民航处提供的航班实际飞行路线和天气雷达回波参数，研究强对流天气对航机的影响。

香港天文台还开发了“航空雷暴临近预报系统”，利用雷达数据和人工智能技术，每 6 分钟预测未来 60 分钟内雷暴的位置。这种技术的应用不仅提高了雷暴预警的准确率，还有利于航空交通管制员更有效地管理空域。

中国澳门航空气象业务

1995 年 11 月 9 日，澳门航空投入商务飞行。1998 年，澳门国际机场航空气象中心成立，受澳门特别行政区政府地球物理气象局（以下简称“澳门气象局”）的领导。航空气象中心根据澳门气象局制定的指南，在澳门国际机场提供气象资料服务，工作地点在澳门国际机场。

澳门气象局航空气象与气候处负责航空气象相关业务。根据《澳门特别行政区第 40/2023 号行政法规：地球物理气象局的组织与运作》的相关规定，航空气象与气候处负责的工作有：根据国际民航组织及 WMO 有关航空气象范畴的技术规章，负责航空气象观测，并发出有关航空气象的天气报告、预报及预警；编制并发出适用于澳门国际机场的恶劣天气警告；负责常规气象观测，并发出实时气象资讯；跟进航空气象用户的天气查询，并向其提供航空气象资讯及飞行气象文件；执行航空气象的技术研究工作，并向航空气象用户提供技术辅助；与澳门特别行政区以外的其他机场气象部门交换气象情报；应公共部门及实体要求，为澳门特别行政区空中交通管辖区内发生的航空意外或事故调查和搜救提供协助；根据地球物理气象局与经营澳门国际机场的实体所签订的合作议定书，向澳门国际机场提供气象资料服务；对气候资料进行分析、整理及质量控制，并负责保存有关资料；编制并发出气候预报和报告；提供气象资料的查询服务；负责气候变化的分析和评估，以及温室气体统计工作，为应对气候变化的公共部门及实体提供气象技术支持。

航空气象与气候处负责为机场用户提供24小气象服务。所有离澳国际航班均能通过航空气象信息系统（AWIS）获取最新和符合国际标准的气象信息。航空气象的服务范围包括半小时的例行天气报告（METAT）、特殊天气报告（SPECI）、每6小时航站天气预报（TAF），以及为离澳航班提供飞行气象文件。该部门也负责适时发出强风及雷暴警告，确保机场内的设施、航机及人员的安全。其中，例行天气报告，每隔1小时或半小时发出一次，是特定时段观测到的气象要素的总描述；特殊天气报告是指当遇到天气状况显著恶化或好转时发出的天气报告；航站天气预报是指对机场在预报时段内预料会发生的各天气状况的描述，内容要求更细更具体；飞行气象文件的内容包括航程上重要天气图、高空风及温度图、航路机场气象报告、航路机场气象预报、航路危险天气警告等。

澳门气象局服务质量指标考核结果显示，2020—2023年，航空气象指标的达标率均为99.9%。

中国台湾航空气象业务

台湾航空气象主要提供机场天气现况、短期气象预报、卫星云图及航路天气预报等航空气象服务产品。

飞航服务总台是台湾航空气象中枢，负责提供机场气象观测、预报及警报服务，航路预报、警报及显著危害天气守视服务，航空气象咨询及简报服务等。飞航服务总台下设 11 个航空站，其测报人员主要负责发布例行观测报文、趋势着陆预报以及风切变警报等。

航空气象现代化作业系统（AOAWS）是其主要业务系统，于 2002 年正式启用。AOAWS 是一个即时航空气象作业系统，整合了气象观测系统、数值预报模式和网页信息技术，能够迅速提供航空气象观测和预报产品，包括雷达气象回波、卫星云图、风速、风向、气温、结冰高度、湿度、落雷、航路气象、机场气象观测数据、航站天气预报及探空气象数据等。

AOAWS 主要由低空风切变警告系统（LLWAS）、产品显示系统（MDS）、第五代中尺度数值模式（MM5）及其网页版产品显示系统（WMDS）等子系统组成。其中，LLWAS 由机场周边的风速观测网组成，能够实时提供低空风切变警告信息，协助飞行员规避危险；航空气象预报人员、飞航管制员、飞行员等通过 MDS 可以及时获得包括卫星云图、云顶高度图、航路晴空乱流剖面预测图等在内的航空气象信息，并可进一步了解特定飞行高度及航路上的天气状况与预报；MM5 可提供 48 小时的东亚及西太平洋地区的中尺度天气预报；WMDS 是互动式的网页浏览器，用户可通过特定身份登录查询。

二、美国航空气象业务

作为美国国家天气局（NWS）的组成部分，航空气象中心（AWC）负责专门提供航空气象服务。20 世纪初，气象服务主要由军事机构提供，但民用航空对气象服务的需求开始出现。第二次世界大战后，民用航空业蓬勃发展，对气象服务的需求逐渐增加。1957 年，NWS 设立首个专门的航空气象中心，即 AWC 的前身。

20 世纪后期，随着雷达和气象卫星技术的应用，美国航空气象业务逐渐成熟完善，逐渐建立了由气象观测站、天气雷达、气象卫星等组成的航空气象服务网络，以提供更准确、更及时的天气预报和气象预警。

进入 21 世纪，美国在卫星监测、雷达技术、数值模式和计算技术等方面具有显著的技术优势。NOAA 极轨卫星和地球同步轨道卫星可以提供高分辨率的气象数据，包括云层、温度、湿度、风速和风向等关键气象要素，并实时获取全球范围内的数据，为天气预报和飞行决策提供关键信息；在雷达技术方面，美国研发了双偏振雷达和风暴跟踪雷达等新一代雷达，可以更精确地监测降水类型、强度和风暴结构。

目前，美国拥有世界上最大的民用航空市场和空域，在航空气象技术和服务等方面也具有领先优势。美国积极推动包括新型传感器和卫星平台在内的卫星监测技术创新，扩展了卫星数据的可用性；在数据科学和人工智能领域的研发有助于提高气象数据的分析和预测能力；开发高级飞行决策支持系统，将实时气象数据与航班计划和飞机性能数据相结合。这些技术创新将进一步提高美国航空气象服务的质量，提高飞行的安全性和效率。

同时，美国航空业管理的制度化水平较高，即使是零散的机组报告也要求形成规范的报文。区域预报的制作都是自动生成，随时修改，保存后发送到网页上供公众参考。

三、英国航空气象业务

英国航空气象业务始于 20 世纪初期，经历了从早期的军事需求到现代的全球化航空服务等多个阶段。英国气象局作为国际民航组织指定的两个世界区域预报中心（WAFC）之一，在航空气象预报服务能力方面一直保持世界领先地位。

1957 年，英国气象局设立了专门的航空气象中心，为民航、军事航空和航天活动提供气象观测、天气预报、气象预警和气象咨询。1984 年，英国气象局开始向 120 余个国家提供航空气象服务，如向全球所有航班提供上层空间风速、风向及气温预报，帮助航班选择飞行线路及决定携带多少航油等。英国气象局通过技术创新和国际合作不断提高航空气象服务质量和覆盖范围，并致力于发展概率预报。

在全球集合预报方面，英国气象局全球和区域集合预报系统的全球预报（MOGREPS–G）水平分辨率为 20 千米、垂直方向有 70 层、有 18 个成员、每天更新 4 次、预报时效为 7 天。基于集合预报开发了针对航空气象服务的概率预报产品，包括湍流概率预报、积雨云概率预报、积冰概率预报和机场气象要素概率预报等。

英国气象局制定了 WAFS（Wide Area File System）10 年计划（2018—2028 年）。新一代的 WAFS 交付系统在时空分辨率、航空决策气象影响预报技术、不同强度的颠簸和积冰影响预报技术以及机载、卫星等多源资料的使用等方面均有升级和优化。

英国气象局还为部分机场和航空公司提供气象服务，通过提供专业的知识和解决方案，帮助提高飞行安全、操作效率和经济效益。如英国气象局与英国易捷航空公司（EasyJet Airline Company Limited）建立合作。易捷航空公司在 31 个国家拥有 802 个航线，涉及 132 个机场，提供的飞航点遍及全欧洲。英国气象局派工作人员进驻飞行控制中心，提供针对整个欧洲航线网的定制化航空气象服务。此外，英国气象局还致力于减少航空业对环境的影响，通过更有效的飞行计划和节能措施来减少碳排放，支持可持续航空运营。

四、德国航空气象业务

20 世纪初期，德国凭借其先进的航空工程和技术，推动了现代航空工业的发展，并于 1965 年成立了德国宇航中心（DLR）。再加上第二次世界大战期间的军事需求，德国逐渐认识到气象条件的重要性，逐步建立起航空气象监测体系。

德国作为最早发展气象事业的国家之一，100 多年前其气象观测系统已初具规模、堪称先进。德国早期就开始使用气象气球和气象探空仪进行大气观测，连续气象数据记录可追溯到 1881 年。德国地处阿尔卑斯山多雪地区，冬天慕尼黑机场航班取消、晚点的事件频繁发生，2003 年，德国汉莎航空公司（Lufthansa Aviation Group）因飞机晚点，330 架飞机的等待时间达 9000 小时，多耗油 3.4 万吨，耗资约 2 亿欧元。据此，德国汉诺威大学气象学家托马斯豪夫提出针对天气与航空问题进行研究，提高天气预报质量不仅可以确保飞机正点起降，还能提高飞行安全。为实现航空气象短时精确天气预报的目标，德国不断探索，以提高预报的准确率与时效性。

预报系统方面，2019 年引入新的矢量型超级电脑（SX-Aurora TSUBASA），在 NEC 公司独家研发的矢量处理器上搭载 PCI Express 加速卡，并采用最新冷却技术，能在高密度计算下实现高速的演算处理性能，研发出预报雷雨与大雨等极端天气现象的系统。这套系统将以观测为基础的预报与要求标准极高的天气预报模式相结合，进而正确预报局部地区的天气状况。

数据采集方面，2022 年，德国弗劳恩霍夫激光技术研究所（Fraunhofer ILT）和莱布尼茨大气物理研究所（IAP）的团队开发出了一种能够自主移动的便携式激光雷达系统，可以进行大规模生产并组合成操作网络，从而为气候研究提供温度和风速的实时高质量数据。2022 年 5 月和 11 月，最新一代激光器分别安装在 Kuhlungsborn 的两个激光雷达系统中，并且已经演示了高达 100 千米高度的测量，这种激光雷达系统可以昼夜不停实时测量 10 ~ 50 千米高空的风和温度分布，为天气预报和气候模式提供精确数据。

德国航空气象得到政府的全面支持，其业务主要由德国气象局负责，并受到联邦交通部和德国联邦航空办公室的监管。德国积极推动创新和研发，拥有高精度的气象观测设备和技术，借助先进的卫星技术、雷达监测系统和气象站网络，同时将大数据、人工智能技术应用到气象预报模式中，提供高精度的天气预报和气象数据，提高对天气现象的理解和预报的准确率，支持飞行安全、航班规划和飞行调度。

五、日本航空气象业务

日本是世界上拥有先进航空气象业务的国家之一。日本气象厅是负责提供日本航空气象服务的部门，致力于提供高质量的天气预报和气象服务，为确保航空飞行安全以及促进航空业健康发展提供重要支撑。

航空气象业务的发展离不开先进技术的支持。日本气象厅持续引入新技术，通过不断改进数值预报模式，采用气象卫星技术、雷达监测系统以及高性能计算机，提高其航空气象服务的准确性和时效性。这些技术的不断革新也能够为飞行路线规划、高度选择和避免极端气象条件等提供更加精准可靠的气象信息，为飞行员提供安全的飞行环境。

航空气象服务需要充分了解大气环境的复杂性。为此，日本气象厅建立了包括高空气象观测站、雷达和卫星监测系统等在内的先进的大气观测系统来监测大气条件。这些系统为航空业务提供了较为全面的气象信息，使航空公司和飞行员能够更准确地了解目标航线的天气状况，采取相应的飞行决策。

在航空气象服务中，气象预报预警系统也非常关键。日本气象厅定期发布包括台风、大气扰动、降水量等在内的预警信息，协助飞行员和航空公司调整飞行计划。这些预警信息对于降低飞行风险、确保航班顺利运行也非常重要。

此外，全球气候变化对天气的影响也日益凸显。日本气象厅不断加强气候变化监测，提供针对变化的适应性预测和服务，以确保航空业务在气候变化下依然能够安全、高效地运行。在技术发展之外，数据共享和国际合作对于航空气象服务能力的提升发挥了非常重要的作用。日本积极参与国际航空气象合作与交流，与世界各国的气象部门和航空公司开展广泛合作。通过共享气象数据、经验，推动全球航空气象业务的发展。同时，日本还积极加入国际航空气象组织，参与制定国际航空气象标准和规范。这种国际合作也有助于提高全球范围内的航空气象服务质量，增进全球航空安全。

第十二章 全球无人机气象探测主要进展*

在地面观测、气球探空、气象雷达和卫星等观测技术更新迭代的同时，无人机探测技术的快速发展为气象探测提供了新的手段。目前，无人机遥感技术已开始应用于气象观测领域，且具有广阔的应用前景。

一、全球无人机气象探测发展概况

无人机监测具有高性价比、灵活性强、数据可靠和有一定风险等特点。一是高性价比。利用无人机进行遥感技术观测，可以获取大范围、高分辨率的图像数据和实测数据，其自主飞行系统可以极大地提高获取信息的速度，与其他探测手段相比，综合成本较低，设备利用率高。二是灵活性强。无人机遥感技术受到地理空间和时间条件限制较小，海洋、边远区、山地和城市区域等均可采用无人机观测，同时受天气条件的影响较小，特别适合在那些危险地区和复杂环境的场景下使用。三是数据可靠。无人机遥感技术获取的数据均为实时采集数据，可以捕获更详细、更全面和更精准的数据信息，从而提高气象服务的精度和可靠性。四是具有一定的风险。即恶劣天气条件会给无人机探测带来一定的影响，如大风、雷电等会影响无人机正常工作，电力支持会限制无人机中搭载传感器的数量与大小。此外，无人机空管应遵循相关的监管和授权程序。

* 执笔人员：樊奕茜 何静怡 贾朋群

近年来，专注于开发无人机系统及其天气感知能力的研究项目数量持续增加，小型无人机的商业应用急剧增长。相关数据显示，全球民用无人机以 40% 的复合年均增长率由 2016 年的 280 亿元增长至 2021 年的 1505 亿元，预计 2024 年全球民用无人机市场规模将突破 4000 亿元，占无人机市场总规模的 80% 以上。2023 年，中国（不含港澳台）无人机相关企业数量达到 5.2 万家，比 2022 年增长了 1077 家。

二、WMO 及部分国家无人机气象探测进展

（一）WMO

由于无人机在技术、功能等方面的优势，WMO 开始着手鼓励和发展无人机探测，希望能快速利用这一高科技提升和改善气象观测。

2021 年和 2022 年，WMO 通过成立多个项目机构，针对无人机系统制定了一系列预案，并调查了解 WMO 会员气象水文部门，以及研究机构和私营机构参与无人机观测的潜在兴趣。2022 年 1 月，组织潜在的无人机观测参与者举行了初步启动在线会议，与会成员超过 80 人。

2023 年，在机载观测系统联合专家组的领导下，WMO 开始筹备无人机系统示范活动（UAS-DC）。该活动旨在展示无人机探测作为 WIGOS 全球基本观测网（GBON）的一个组成系统，在日常可以提供质量可靠的数据以满足高空观测要求。目前，WMO 基础设施委员会管理组已批准上述示范活动计划，WMO 还将完成《无人机系统白皮书》，更详细地描述无人机系统的现有能力及其对气象观测和监测贡献的未来预期。

WMO 在 2024 年举办无人机系统示范活动[①]

2024 年，WMO 举办面向企业和气象部门等机构举办无人机系统示范活动（UAS-DC），参与企业在自愿原则下自费参与。示范活动将在 WMO 基础设施委员会（INFCOM）的支持下进行规划、协调和实施。

示范活动的目标：一是展示并衡量新型无人机满足高空观测业务要求并填补 WIGOS 全球基本观测网（GBON）、区域基本观测网（RBON）观测能力的空白；二是展示无人机及其数据处理系统提供可互操作的数据的能力；三是评估和分析无人机观测对 WMO 应用领域和预报系统的影响；四是研究提出无人机发展领域，提出无人机监管建议。

示范活动的参与范围及要求：参与的无人机系统包括自主和遥控固定翼飞机和直升机。由于该活动旨在展示无人机的能力，以满足支持全球基本观测网（GBON）的业务提供观测的要求，因此活动将侧重于近实时提供同化所需的大气变量观测资料，所需的观测和系统元数据将包括但不限于气温、气压、相对湿度、风速、风向、积雪、雪深、土壤湿度、反照率、气溶胶或微粒、火山灰、湍流等。

同时，该活动对观测要素的质量和不确定性提出了明确的要求，专门开发和定义标准化数据格式，供运营商在活动期间将数据传输到中央数据存储库。

① 资料来源：WMO 官方网站，https://community.wmo.int/en/uas-demonstration。

（二）中国

中国无人机在气象探测领域的应用试验起步较早。2008 年，中国气象局建立了第一个无人机探测台风试验基地，星光、东恒宇、西工大、海鹰、贝思和恒利华等多家国内无人机研发机构和生产厂商参加了试验。试验中，东恒宇公司研制的“晨鸟”无人机顺利飞入台风“海鸥”距离中心点 108 千米的位置，并持续飞行 4 千米以上。继 2008 年进行台风条件下的低空飞行测试后，上海台风研究所于 2015 年利用“鸥燕”（“晨鸟”的升级版）实施穿越台风眼的低空（近水面）飞行试验，并搭载相关仪器近距离遥测了台风条件下的海面风等要素，为制定中国无人机低空业务化飞行探测的技术方案和流程奠定基础。2020 年，中国气象局与相关企业合作在海南完成探空试验，并于 2021 年建立了气象系统和无人机的协同框架，打通了下投探空任务流程及信息传输网络，验证了无人机高空下投探空仪执行探测任务，以及加装毫米波测云雷达执行探测的能力，为利用高性能无人机进行气象探测打下了基础。

2020 年至今，已连续 3 年成功组织实施了针对台风、青藏高原冰川的高空大型无人机机动观测，初步建立了以气象探测目标为导向的机动式气象观测流程。2021 年，开展了中国无人机海、陆、空立体协同观测科研试验。在此次试验中，翼龙 -10 无人机新搭载了 GNSS 掩星 / 海反探测系统、太赫兹冰云探测仪。其中，太赫兹冰云探测仪可对云中冰水含量进行有效探测，GNSS 掩星 / 海反探测系统可通过接收低轨卫星信号来反演大气温湿度廓线及海温、海风等气象要素。此次试验开创了同一无人机平台多模式应急气象协同观测的先河，是建立基于无人机的气象应急观测体系的一次重要探索。

2022 年，中国气象局联合 16 家单位共同进行了高空大型无人机高原气象观测试验，并取得圆满成功。中国自主研发的翼龙 -2 大型无人机在阿尼玛卿雪山 7500 米高空成功下投 12 枚探空仪，与机载合成孔径雷达、大气微波综合廓线仪一起，实现了对青藏高原大气垂直和下垫面的“扫描”，观测数据实时传回地面指挥系统，标志着中国高空大型无人机高原气象观测试验首飞作业成功。

2023 年，中国气象局组织多家单位开展无人机南海台风飞行观测任务，在技术创新、算法优化、高效统筹和创新联动方面取得突破，打通了机动观测—预报服务—应用评估实时互动业务链条。

2023 年，聚焦西藏一江两河地区（扎当冰川、阔穷岗日冰川及其周边地区），联合完成 14 架次大型无人机（腾盾、翼龙）飞行试验，充分论证了大型无人机在高原开展试验的可行性。通过试验观测发现，青藏高原地区降水云系主要以对流云和积层混合云为主，特别是夏季具有较好的人工影响天气作业条件和催化潜力，增加的降水对补充高原地区冻土区地面径流、改善生态环境、保障农牧区生产生活起到积极作用。

2024 年 3 月，四川、云南省相继发生森林火灾。中国气象局调配 2 架国家高性能人工影响天气作业飞机（新舟 60），协调 2 架（翼龙 -2H 和腾盾双尾蝎）大型无人机增援山火扑救作业，形成了有人机—无人机—地面、“空—地”协同增雨（雪）扑灭火服务策略，确保捕获有利时机，从不同方位开展增雨（雪）作业。据统计，3 月 17—25 日，通过国省联动，气象部门在四川、云南实施飞机增雨（雪）作业 17 次，对及早扑灭林火并防止后续复燃、降低周边火险等级起到了积极作用。

（三）美国

美国是最早构建无人机台风探测体系的国家。美国国家航空航天局（NASA）与 NOAA 在大气与环境探测方面开展了一系列合作，在开发无人机气象与环境探测方面取得了突出进展。美国自 20 世纪 90 年代开始进行机载下投探空台风探测试验，并致力于机载技术的发展，引领了无人机台风探测的国际技术前沿。

2003 年，NASA 成立世界级无人机应用中心，联合其他联邦部门、高校和企业资源，专门研究装有高分辨率相机传感器无人机的商业应用，开启了民用无人机的快速发展时代。2005 年 9 月，在改进热带气旋强度预报的试验中，美国用 MK-Ⅲ无人机首次成功飞入飓风“奥菲莉亚”（Ophelia），获取了飓风在近水面（约 300 米）的风、温、压、湿等气象观测资料。2007 年，美国对飓风“诺埃尔”（Noel）进行了超低空飞行探测，无人机飞行高度仅 82 米，并持续飞行了约 5 个小时。2012 年，NASA 与 NOAA 及生产全球鹰无人机的美国诺斯洛普格鲁门公司合作，对空军 2 架退役的全球鹰无人机进行为期 3 年的改造，使其成为更适用于飓风下投探空的长续航高空气象无人机。新机型被命名为“飓风和强风暴哨兵”（HS3），设计机身 13.4 米、翼展 35.4 米、有效荷载 680 千克、升限 20 千米以上（飞行高度 16.7 ～ 19.8 千米）、续航时间 30 小时以上、能连续飞行 17700 千米，除风、温、压、湿探测仪器外，机上还安装了雷达、辐射计和探测云层结构、悬浮颗粒物或尘埃水平的激光测量仪等设备，以及下投探空仪系统。同年，NASA 完成了飓风强风暴哨兵无人机探测飓风的首次试飞，并在随后又实施了 2 次飓风探测试验。

美国非常重视无人机空中管制问题，联邦航空局和国防部下设专门的无人机管理机构，负责研究和制定有关无人机空域使用的政策和法规。美国也最早注意到空域开放对于保障无人机民用的必要性，先后制定了《无人飞行系统空域融合计划》和《联邦航空管理局现代化与改革法》，要求联邦航空管理局确立无人驾驶飞机的六级测试范围以及快捷通道，向民用无人机开放空域，进一步促进无人机技术在气象领域的发展和应用。目前，美国已经建成云微物理激光雷达、多普勒激光测风雷达、双频（Ka、Ku）

雷达、下投探空系统等大型无人机气象探测业务，形成了完整的业务工作流程，并建立了完备的地面技术支撑体系。初步形成了以 Aerosonde 无人机进行低空（近水面）飞行和以 GH 无人机及改装后的 HS3 无人机进行高空下投探空载体的无人机探测飓风体系。

美国科罗拉多大学博尔德分校使用无人机在平原地区开展了人工增雨的夏季试验。无人机由科罗拉多大学博尔德分校与 Rite-Wing RC 公司合作设计和制造，具有增强的有效载荷和续航能力，能够携带播云任务所需的相对较大的机载设备。无人机主要对早期对流风暴单体进行有针对性的现场测量，并对增雨活动进行自主决策，确定大气层中适合进行播云作业的可催化区域。试验涉及两种无人机：感知无人机（Sensing Uncrewed Aircraft）和播云无人机（Seeding Uncrewed Aircraft）。感知无人机携带的传感器能识别可催化区域内播云的位置，并释放播云催化剂。播云无人机则携带播云催化剂和播散系统。研究建议开发除冰技术，确保在高湿度的过冷大气区域和过冷云中能够使用各种尺寸的无人机，还需开发成核室（nucleation chamber），验证和量化所有类型的播云催化剂的扩散传播。

NOAA 专门出台无人机战略，并设置专门项目——利用业务无人技术感知灾害（SHOUT），支持无人机观测在改进预报、科学认知和决策支持等方面的探索研究。SHOUT 从高空、低空和垂直起飞和降落 3 个方面部署了无人机项目。一是高空长时间滞留（HALE）项目，研发最大升限为 21.6 千米、最长续航超过 25 小时、最大载荷约 544.31 千克的无人机探测技术。二是低空短时间滞留（LASE）项目，研发最大高度为 333 米（作业高度，有更高高度能力）、最长续航超过 2 小时、最大载荷约 0.91 千克的无人机探测技术。三是垂直起飞和降落（VTOL）项目，研发最大高度为 1093 米（作业高度，有不同的更高高度能力）、最长续航超过 1.4 小时、最大载荷约 0.77 千克的无人机探测技术。

NOAA 基于上述项目，作出以下展望：在大尺度观测方面，HALE 无人机系统开展针对海洋（天气系统上游）的观测，能改进提前数天的全球 NWP 预报；在中尺度观测方面，借助 LASE 和 VTOL 无人机系统，针对内陆可能影响区域或略微上游地区开展观测，改进高分辨率 NWP 模式预报的准确率与时效性；针对灾害评估的观测，使用 LASE 和 VTOL 无人机系统，对内陆影响发生区域开展观测，使应急部门能够在事件发生几小时内快速响应，进行灾害评估和社区恢复。

（四）其他国家

1. 法国

目前，法国有 3 种气象探测无人机在业务中应用，即 FOX AT1、FOX AT2 和 Chacal2。FOX AT1 是法国首次投入使用的一种包括气象探测在内的多用途无人机，已经在法国、北约各国、联合国部队以及各民营公司和政府部门应用。由于其尺寸小、重量轻、无噪音，在正常飞行高度上下很难被发现。

FOX AT2 与 FOX AT1 相似，但其油箱更大，航程更远，有效载荷量更大，传感器质量更高，另配有图增强器，携带的传感器和设备增加静物相机、合成孔径雷达等。

Chacal2 是一种小型、快速、灵活的无人机，集气象数据采集、情报侦察、目标识别等功能于一体，其可携带包括气象数据探测在内的各种传感器。

2. 澳大利亚

澳大利亚是较早研发气象探测无人机的国家。作为代表机型的 Aerosonde（航空探测器，或称气象侦察兵）序列无人机，由澳大利亚 Aerosonde 公司于 1991 年开始研发，1997 年投入使用，1999 年和 2001 年先后推出改进型 MK-Ⅱ和 MK-Ⅲ。其中 MK-Ⅲ翼展 2.7 米、起飞重量 13.6

千克（有效荷载 2.2 千克）、升限 5.5 千米、能以 110 千米 / 小时的速度巡航 30 个小时，且由全球定位系统自动导航。

由于比较轻便，该机型可从车辆顶部发射，主要用于气象、结冰和卫生等方面的科学研究，已被澳大利亚气象局、NOAA 和国家航空航天局、日本气象厅、韩国气象厅以及世界卫生组织等多个国家的科研部门和国际组织使用。同时，澳大利亚与加拿大、日本与中国台湾合作开展了气象探测无人飞机试验和系统评估。

3. 瑞士

瑞士气象局重视对技术成熟的无人机系统监测能力的独立开发和比较。早在 2021 年全年已开展 864 次无人机飞行外场试验，数据有效性达 76%，其中有 97 次飞行为多个无人机系统同时飞行，以便于相互比较。

无人机探测结果还与无线电探空仪（RS41 Vaisala）、激光测风雷达（200S Leosphere / Vaisala）、微波辐射计（HATPRO RPG）和拉曼激光雷达（RALMO，EPFL）等数据进行比较。试验表明，无人机系统在对基本气象要素探测的精度方面已达到较高水平。

三、部分科研机构和公司无人机气象探测的研发进展

（一）美国 Black Swift 公司

Black Swift 技术公司是美国无人机气象探测的主要研发制造商。近 10 年来，该公司专门建造的科学空中平台已在全球范围内应用于极端条件下各种专业大气研究任务，包括监测和评估野火、火山、龙卷和飓风等。

Black Swift 技术公司制造的无人机系统 E2 UAS 是该公司的当家产品，并得到了 NOAA 和美国军方的认可。E2 框架重量仅 1.42 千克，最大起飞重量 8.78 千克，飞行时间为 20 分钟（满载），风速 15 米 / 秒。E2 将其有效

载荷放在前面，使操作员能够获得完整的视野，甚至可以垂直观测。典型的有效载荷包括 RGB（颜色模式）摄像机、激光定位和制导系统以及无线电调制解调器，可根据操作员个性化要求进行定制，包括热成像仪、微量气体传感器、辐射计和多光谱摄像机。

2023 年，Black Swift 技术公司研制的 S2 无人机系统在地面火灾测量方面实现了突破。在气象研究领域，NOAA 已将其 S0 无人机应用于热带风暴"潭美"（Tammy）探测中。S0 无人机主要用于低空和中空的海上环境中操作，具备先进的传感器，能够测量气压、温度、湿度和三维轮廓线，能够在 15 ～ 45 米的高度进行大气剖面测量，重量仅 1.18 千克。

（二）加拿大同温层技术航空公司

加拿大同温层技术航空公司是一家专注于无人机高空探测技术开发的公司，其核心产品 HiDRON 无人机系统具有探测高度高（可达 100 千米）和系统可回收等特点。HiDRON 无人机系统通常的探测高度为 34 千米，可续航 5 个小时，可抵抗 –60 ℃低温，抗击 189 千米 / 小时的强风，可以开展空中次声波探测。当用于气象探测时，可配备多种传感器，如气压传感器、温湿度传感器、风速传感器、辐射计、臭氧探测仪、加速度计等。

2024 年 2 月，该公司加入高空平台站联盟（HAPS Alliance）[①]。公司计划 2024 年试飞新的平流层滑翔机 HiDRON Suborbital，这款飞机能够携带 6 千克的最佳载荷，可以搭载 9U 立方星（ CubeSat）（体积为 10 厘米 ×10 厘米 ×90 厘米）。

① 高空平台站联盟是一个非营利性协会，致力于构建高空平台站（HAPS）生态系统，以提供全球数字连接。来源：https://www.stratodynamics.ca/press-archive/。

（三）英国 Menapia 公司

英国 Menapia 公司开发的 MetSprite 无人机系统，具有较好的观测精度和抗恶劣环境能力，可在高速和强风条件下进行高效的爬升飞行。其采用冷却技术密封机身，实现了广泛的操作温度范围，具有弹性入口保护，内置的降落伞回收系统具有自动和手动部署功能，可确保安全操作。

MetSprite 的核心载荷具有行业领先的可追溯校准，包括温度、湿度、气压和 3D 风等。其有足够的通信总线连接到配套计算机和机载微控制器，并安装有效载荷总线（USB、5V 和 12V）用于传感器。MetSprite 可以提供遥测和无人机控制，通过 4G、互联网或用于平板电脑连接本地 Wi-Fi 热点启用互联网，并为电源、计算和遥测配备独立的降落伞回收系统和防撞、照明设备，用于夜间飞行操作。该系统还可与自动气象站配合使用。

2023 年 7 月，该公司无人机系统参与英国气象局（UKMO）WesCon 计划，开展相关的无人机探测任务。该计划结合了 WesCon 和 WOEST 两个科学项目，重点观测大气中的湍流过程，并提升天气预报员进行高分辨率预报的能力。无人机飞行、雷达和科研飞机收集的新型观测数据，将改善对风暴的天气预报，包括风暴的开始时间和降水量。

（四）德国航空航天研究中心和布伦瑞克技术大学飞行指导研究所

德国研发无人机大气探测的机构主要有德国航空航天研究中心（DLR）和德国布伦瑞克技术大学飞行指导研究所。在欧盟的资助下，DLR 的大气物理研究所近年来开发了多种用于大气环境探测的无人机系统。DLR 无人机系统在时间和空间两个维度都具有大气探测的优势。小型旋翼无人机能够在有组织的空间分布式网络中测量三维风、温度和湿度。

DLR 开发的 SWUF-3D 具有重量轻等特点，可以采用受控和自由飞行两个工作模式，实现基于与四旋翼运动相关的气动阻力进行测风而无须风传感器，该系统 2021 年参加了外场试验。SWUF-3D 由 35 架无人机组成，以协调、同步的方式运行，以捕获大气边界层中的空间分布测量值。在系统测试阶段，首次启用了由 20 个四旋翼 UAS（无人机系统）组成的机队同时进行风水平分布的测量，并特别开发了一种适应性强的水平飞行模式，由沿平均流向和横向分布的测量值组成，间隔距离为 5 ～ 205 米。2024 年 5 月，地球观测卫星 EarthCARE 升空，DLR 将利用高空远程研究飞机验证卫星观测数据，支持地球观测任务。另外，DLR 还完成了低碳飞行的航空战略，旨在 2050 年前将未来飞机的能源需求减半，并提出了多种低排放动力解决方案。

德国布伦瑞克的技术大学（TU）飞行指导研究所（IFF）于 2018 年开始实施 AEROMET_UAV 无人机项目，目前已研发了多种无人机系统。

总体来看，民用无人机应用普及迅速，展现了较好的发展前景，但无人机的大规模普及也会带来隐私保护、感知技术问题、低空管制系统等方面的诸多争议与问题，由此，许多国家也在不断强化无人机气象探测试验或应用法规建设。关于无人机气象探测的未来发展，有研究认为主要有以下几个趋势：一是无人机气象探测技术集成与创新趋势。无人机技术将与先进的传感器技术、数据处理技术和人工智能相结合，形成更为强大的气象探测系统。人工智能和机器学习算法将用于分析和处理大量的气象数据，以提高数据的准确性和预报模型的精度。二是开放与监管空域是实现无人机气象探测业务化的必由之路，同时国际合作与标准化进程也将加快，推动全球气象数据的共享和统一管理。三是气象探测协同观测系统功能将不断完善。未来，无人机将与地面观测站、气象卫星和雷达等传统气象观测手段形成协同观测系统，实现全天候、全覆盖的气象监测。四是无人机气象探测产业化趋势。从无人机制造、传感器开发、数据处理到应用服务，将涌现出大量创新企业和商业模式，推动无人机气象探测的广泛应用。

主要参考文献

陈文玲，2022. 打造粤港澳大湾区国际创新枢纽 为科技强国建设提供重大战略支撑 [J]. 中国科技产业 (1)：6–7.

程昌玉，梁海河，蔡宏，2018. 开放型雷达产品生成系统的应用研究 [J]. 计算机应用与软件，35(7)：165–168+278.

黄小猛，林岩銮，熊巍，等，2024. 数值预报 AI 气象大模型国际发展动态研究 [J]. 大气科学学报，47(1)：46–54.

姜桂兴，2018. 英国面向 2030 年的科技创新政策研究 [J]. 全球科技经济瞭望，33(1)：1–6.

李柏，2022. 中国气象雷达技术发展及面临的挑战 [J]. 气象科技进展，12(5)：10.

梁思琪，2022. 我国参与及发起国际大科学计划相关研究综述 [J]. 今日科苑，1：22–32.

生态环境部，2023. 中国应对气候变化的政策与行动 2023 年度报告 [R/OL].（2023–10–27）[2024–09–06].https://www.mee.gov.cn/ywgz/ydqhbh/wsqtkz/202310/W020231027674250657087.pdf.

生态环境部，2024. 中国适应气候变化进展报告（2023）[R/OL].（2024–05–15）[2024–09–06].https://big5.mee.gov.cn/gate/big5/www.mee.gov.cn/xxgk2018/xxgk/xxgk06/202406/W020240607336959617723.pdf.

孙健，曹卓，李恒，等，2021. 人工智能技术在数值天气预报中的应用 [J]. 应用气象学报，32(1)：1–11.

中国气象局，2023. 全球天气气候与服务 [M]. 北京：气象出版社.

中国气象局气象发展与规划院，2023. 全球气象发展报告 2023[M]. 北京：气

象出版社 .

周康辉，郑永光，韩雷，等，2021. 机器学习在强对流监测预报中的应用进展 [J]. 气象，47(3)：274–289.

BI K F, XIE L X, ZHANG H H, et al, 2023. Accurate medium–range global weather forecasting with 3D neural networks[J/OL].Nature, 619: 533–538[2024–09–06]. https://doi.org/10.1038/s41586–023–06185–3.

BoM, 2023. Bureau of meteorology annual report 2022 – 23[R].

CHEN L, DU F, HU Y, et al, 2023. SwinRDM: integrate SwinRNN with diffusion model towards high–resolution and high–quality weather forecasting[C]. InProceedings of the AAAI Conference on Artificial Intelligence.

CHEN L, ZHONG X, LI H, et al, 2024. A machine learning model that outperforms conventional global subseasonal forecast models[J/OL]. Nature Communications, 15. https://doi.org/10.1038/s41467–024–50714–1.

Climate risk and early warning systems annual report 2023[R].

Department of Economic and Social Affairs of United Nations, 2020. The sustainable development goals report 2020[EB/OL]. (2020–07–07)[2020–11–12]. https://unstats.un.org/sdgs/report/2020/.

ECMWF, 2019. 2019 annual report[R].

GAO Z, et al, 2022. Earthformer: exploring space–time transformers for earth system forecasting[C]. NeurIPS 2022.

Global status of multi–hazard early warning systems 2023[R].

HENRY A K, 2020. The coronavirus pandemic will forever alter the world order[N/OL]. The Wall Street Journal, 2020–04–03[2020–11–12].https://www.henryakissinger.com/articles/the–coronavirus–pandemic–will–forever–alter–the–world–order/.

HUUSKONEN A, SALTIKOFF E, HOLLEMAN I, 2014. The operational weather radar network in Europe[J]. Bulletin of the American Meteorological Society, 95(6): 897–907.

KOCHKOV D, YUVAL J, LANGMORE I, et al, 2024. Neural general circulation models for weather and climate[J/OL]. Nature, 632: 1060 – 1066[2024–09–06]. https://doi.org/10.1038/s41586–024–07744–y.

LAM R, SANCHEZ-GONZALEZ A, WILLSON M, et al, 2023. Learning skillful medium-range global weather forecasting[J/OL]. Science, 382: 1416-1421[2024-09-06]. https://www.science.org/doi/10.1126/science.adi2336.

LISA FRIEDMAN, 2020. U.S. quits paris climate agreement: questions and answers[EB/OL]. (2020-11-04)[2020-11-12]. https://www.nytimes.com/2020/11/04/climate/paris-climate-agreement-trump.html.

NOAA, 2020a. NOAA omics strategy: strategic application of transformational tools[R].

NOAA, 2020b. NOAA artificial intelligence strategy: analytics for next-generation earth science[R].

NOAA, 2020c. NOAA cloud strategy: maximizing the value of NOAA's cloud services[R].

NOAA, 2020d. NOAA's earth prediction innovation center strategic plan[R].

NOAA, 2024. Budget estimates fiscal year 2025[R].

RAVURI S, et al, 2021. Skilful precipitation nowcasting using deep generative models of radar[J/OL]. Nature, 597: 672 - 677[2024-09-06]. https://doi.org/10.1038/s41586-021-03854-z.

REUTERS AND EURONEWS. Eastern European countries threaten to wreck EU "Green Deal"[EB/OL]. (2019-12--12)[2020-11-12]. https://www.euronews.com/2019/12/12/eastern-european-countries-threaten-to-wreck-eu-green-deal.

SALTIKOFF, E, et al, 2019. An overview of using weather radar for climatological studies: successes, challenges, and potential[J]. Bull. Amer. Meteor. Soc, 100, 1739 - 1752, https://doi.org/10.1175/BAMS-D-18-0166.1.

THE ECONOMIST, 2020. The 90% economy that lockdowns will leave behind[EB/OL]. (2020-04-30)[2020-11-12]. https://www.economist.com/briefing/2020/04/30/the-90-economy-that-lockdowns-will-leave-behind.

UKMO, 2023a. UKMO Annual report and accounts 2022-23[R].

UKMO, 2023b. UKMO Public weather service annual report 2022/23[R].

WANG Y, et al, 2022. PredRNN: A recurrent neural network for spatiotemporal predictive learning[J]. IEEE Transactions on Pattern Analysis and Machine Intelligence.

WEBER M, HONDL K, YUSSOUF N, et al, 2021. Towards the next generation operational meteorological radar[J]. Bulletin of the American Meteorological Society: 1–69.

WMO, 2020a. WMO constituent bodies reform transition plan[EB/OL]. (2020–11–12)[2020–11–12]. https://public.wmo.int/en/governance–reform.

WMO, 2020b. WMO for the 21st Century[EB/OL]. (2020–11–12)[2020–11–12]. https://public.wmo.int/en/governance–reform/terms–of–reference.

YANG Y, et al, 2022. Mehrkanoon S. AA–TransUNet: attention augmented transUNet for nowcasting tasks. IJCNN : 1–8.

ZENG X, et al, 2020. Use of observing system simulation experiments in the United States[J/OL]. Bull. Amer. Meteor. Soc, 101, E1427 – E1438. https://doi.org/10.1175/BAMS–D–19–0155.1.

ZHANG Y, LONG M, CHEN K, et al, 2023. Skilful nowcasting of extreme precipitation with NowcastNet[J/OL]. Nature, 619: 526–532. https://doi.org/10.1038/s41586–023–06184–4.

附录一　2023年气象相关重要国际会议列表*

序号	会议名称	会议时间	主办机构
1	第 103 届美国气象学会年会	2023 年 1 月	美国气象学会
2	哥白尼应急管理服务第二届全球洪水预报和监测会议	2023 年 2 月	欧洲中期天气预报中心
3	欧洲地球科学联盟 2023 年年会	2023 年 4 月	欧洲地球科学联盟
4	世界气候研究计划（WCRP）联合科学委员会第 44 届会议（JSC-44）	2023 年 5 月	WCRP 联合科学委员会
5	第 19 届世界气象大会	2023 年 5—6 月	WMO
6	第 14 届国际降水会议	2023 年 6 月	国际气象学和大气科学协会、国际云和降水委员会
7	使用欧洲中期天气预报中心的预报（UEF2023）	2023 年 6 月	欧洲中期天气预报中心
8	国际气象卫星协调组织第 51 次会议	2023 年 6 月	国际气象卫星协调组织
9	第 28 届国际大地测量学和地球物理学联合会大会	2023 年 7 月	国际大地测量学和地球物理学联合会
10	亚洲大洋洲地球科学学会第 20 届年会	2023 年 7—8 月	亚洲大洋洲地球科学学会
11	2023 年欧洲气象学会年会	2023 年 9 月	欧洲气象学会
12	2023 年度研讨会：地球系统再分析	2023 年 9 月	欧洲中期天气预报中心
13	2023 年气象卫星会议	2023 年 9 月	欧洲气象卫星开发组织
14	第 78 届联合国大会可持续发展目标峰会	2023 年 9 月	联合国
15	第 20 届气象高性能计算研讨会	2023 年 10 月	欧洲中期天气预报中心
16	世界气候研究计划 2023 年开放科学会议	2023 年 10 月	WMO 等

* 整理：何静怡　杨丹

续表

序号	会议名称	会议时间	主办机构
17	第十三届亚洲—大洋洲气象卫星用户大会	2023 年 11 月	韩国气象厅
18	台风委员会第 18 次综合研讨会	2023 年 11—12 月	亚太经社会 / 气象组织台风委员会
19	2023 年联合国气候变化大会第 28 次缔约方大会（COP28）	2023 年 11—12 月	联合国
20	美国地球物理学会秋季年会	2023 年 12 月	美国地球物理学会

注：本表按时间顺序列出了 2023 年相关国家和国际组织举办的部分重要会议和活动，根据各机构官方网站资料整理。

附录二　部分国际组织和国家气象相关战略规划列表*

序号	国际组织 / 国家	战略规划文件名称
1	WMO	2024—2027 年战略计划
2	欧洲中期天气预报中心	2021—2030 年战略计划
3	中华人民共和国国务院	气象高质量发展纲要（2022—2035 年）
4	美国国家海洋大气管理局	战略计划（2022—2026 年）
5	美国国家海洋大气管理局	建模战略计划（2024—2033 年）
6	美国国家海洋大气管理局	统一预报系统（UFS）战略计划（2021—2025 年）
7	美国国家海洋大气管理局	人工智能战略（2021—2025 年）
8	美国国家海洋大气管理局	无人机系统战略（2021—2025 年）
9	美国国家天气局	2023—2033 年战略计划
10	美国航空航天局	2022—2024 年战略计划
11	联合国减灾署	2022—2025 年战略框架
12	英国气象局	2019—2024 年战略
13	澳大利亚气象局	战略计划（2022—2027 年）
14	澳大利亚气象局	研究开发计划（2020—2030 年）
15	日本气象厅	数值天气预报战略计划（2022—2030 年）
16	德国气象局	到 2030 年的文化与战略
17	西班牙气象局	2022—2025 年战略计划
18	加拿大环境部	加拿大环境与气候变化 2023—2024 年部门计划

注：根据各机构官方网站资料整理。

* 整理：何静怡　杨丹

附录三 主要词汇中英文对照表*

英文缩略词	英文全称	中文名称
ACC	Anomaly Correlation Coefficient	距平相关系数
AI	Artificial Intelligence	人工智能
AIFS	Artificial Intelligence/Integrated Forecasting System	人工智能 / 综合预报系统
AMeDAS	Automated Meteorological Data Acquisition System	自动地面观测数据采集系统
AMS	American Meteorological Society	美国气象学会
APAR	Airborne Phased Array Radar	机载相控阵雷达系统
ARMS	Advanced Radiative Transfer Modeling System	高级辐射传输模拟系统
ASOS	Automated Surface Observing System	美国自动地面观测系统
AWS	Automatic Weather Station	自动气象站
CAP	Cooperative Agency Profilers	合作机构风廓线雷达观测网
CAP	Common Alerting Protocol	通用警报协议
CDMS	Climate Data Management System	气候数据管理系统
CEEMA	Center for Monitoring and Assessment of Extreme Weather and Climate Events in Asia	亚洲极端天气气候事件监测评估中心
CIWRO	Cooperative Inst. for Severe and High-Impact Weather Research and Operations	灾害性和高影响天气研究和业务合作研究所
CMACast	CMA Satellite Data Broadcast System	中国气象局卫星数据广播系统
CMA-CPSv3	China Meteorological Administration Climate Prediction System	中国气象局气候预测系统
CMA-GFS	China Meteorological Administration-Forecast Model Analysis	中国气象局全球同化预报系统
CMIP	Coupled Model Intercomparison Project	耦合模式比对项目
CMOC	Centre for Marine Meteorological and Oceanographic Climate Data	海洋气象和海洋气候资料中心
CODE	Common Operations and Development Environment	通用操作和开发环境

* 译审：贾宁

续表

英文缩略词	英文全称	中文名称
COP	Conference of the Parties	缔约方大会
COPE	Continuous Observation Processing Environment	连续观测处理环境技术
CRC(China)	China–Russia Consortium space weather center	中俄联合体全球空间天气中心（中国）
CREWS	Climate Risk and Early Warning Systems	气候风险与早期预警系统
CRPS	Continuous Ranked Probability Score	连续分级概率评分
DCPC- NCC	Data Collection or Production Center	国家气候中心资料收集或制作中心
DCPC–NMIC	Data Collection or Production Center	国家气象信息中心资料收集或制作中心
DCPC–NMC	Data Collection or Production Center	国家气象中心资料收集或制作中心
DestinE	Destination Earth	目的地地球
DWD	Deutscher Wetterdienst	德国气象局
EAMAC	East Asian Monsoon Activity Center	东亚季风活动中心
ECMWF	European Centre for Medium–Range Weather Forecasts	欧洲中期天气预报中心
EE	Earth Explorers	地球探索者
EFAS	European Flood Awareness Systems	欧洲洪水意识系统
EGU	European Geosciences Union	欧洲地球科学联盟
EPIC	Earth Prediction Innovation Center	NOAA 地球预测创新中心
ERA5	Fifth Generation ECMWF Atmospheric Reanalysis of the Global Climate	欧洲中期天气预报中心第五代全球气候大气再分析数据集
ESA	European Space Administration	欧洲航天局
ETR	Education and Training Office	教育培训办公室
EUMETNET	European Meteorological Network	欧洲气象网
EUMETSAT	European Organisation for the Exploitation of Meteorological Satellites	欧洲气象卫星开发组织
EW4ALL	Early Warnings for All	全民早期预警倡议
GAW	Global Atmosphere Watch Programme	全球大气监视网
GB	Global Broker	全球通知枢纽
GBON	Global Basic Observing Network	全球基本观测网
GCA	Global Center on Adaptation	全球适应中心
GCOS	Global Climate Observing System	全球气候观测系统
GCW	Global Cryosphere Watch	全球冰冻圈监视网
GDC	Global Discovery Catalogue	全球发现目录

续表

英文缩略词	英文全称	中文名称
GEMS	Global Monitoring for Environment and Security	全球环境与安全监测
GeoXO	Geostationary and Extended Orbits	美国地球静止和扩展轨道卫星
GFCS	Global Framework for Climate Services	全球气候服务框架
GFDRR	Global Facility for Disaster Reduction and Recovery	全球减灾和恢复基金
GISC	Global Information System Centre	全球信息系统中心
GloFAS	Global Flood Awareness Systems	全球洪水意识系统
GMAS	Global Multi-hazard Alert System	全球多灾种预警系统
GMAS-A	Global Multi-Hazard Alert System-Asia	亚洲多灾种预警系统
GOES	Geostationary Operational Environmental Satellites	美国地球静止业务环境卫星
GOS	Global Observing System	全球观测系统
GPC	Global Producing Centre for Long-Range Forecasts	全球长期预报制作中心
GPEX	Global Precipitation Experiment	全球降水试验
GPU	Graphics Processing Unit	图形处理单元
GRUAN	GCOS Reference Upper-Air Network	全球气候观测系统高空基准网
GSRN	GCOS Surface Reference Network	全球气候观测系统地面基准网
GST	Global Stocktake	全球盘点
GTS	Global Telecommunication System	全球电信系统
HAFS	Hurricane Analysis and Forecast System	飓风分析与预报系统
HALE	High Altitude Long Endurance	高空长时间滞留
HIW	High Impact Weather	高影响天气
HIWeather	Office of the High-Impact Weather Project	高影响天气项目办公室
HRRR	High-Resolution Rapid Refresh Model	高分辨率快速更新模式
HS3	Hurricane and Severe Storm Sentinel	飓风和强风暴哨兵
HydroSOS	Global Hydrological Status and Outlook System	全球水文状况和展望系统
IDSS	Impact-Based Decision Support Services	基于影响的决策支持服务
IFRC	International Federation of Red Cross and Red Crescent Societies	红十字会与红新月会国际联合会
IFS	Integrated Forecasting System	欧洲综合预报系统
IFS-ENS	Integrated Forecasting System-Ensemble	欧洲综合预报系统－集合版
INFCOM	WMO Commission for Observation, Infrastructure and Information Systems	WMO 观测、基础设施和信息系统委员会
IOC-UNESCO	Intergovernmental Oceanographic Commission of United Nations Educational, Scientific and Cultural Organization	联合国教育、科学及文化组织政府间海洋学委员会
IPCC	Intergovernmental Panel on Climate Change	联合国政府间气候变化专门委员会

续表

英文缩略词	英文全称	中文名称
IPP	Implementation and Pre-operational Phase	实施和预运行阶段
ITU	International Telecommunication Union	国际电信联盟
JMA	Japan Meteorological Agency	日本气象厅
JPSS	Joint Polar Satellite System	美国联合极轨卫星系统
JTTI	Joint Technology Transfer Initiative	联合技术转化倡议
LASE	Low Altitude Short Endurance	低空短时间滞留
MARS	Meteorological Archival and Retrieval System	气象档案和检索系统
MetOp	Meteorological Operational satellite	欧洲极轨气象业务卫星
MICAPS	Meteorological Information Comprehensive Analysis and Processing System	气象信息综合分析处理系统
MJO	Madden-Julian oscillation	马登 – 朱利安振荡
MTG	Meteosat Third Generation	欧洲第三代地球静止气象卫星
NCAI	National Center for AI	美国国家人工智能中心
NCAR	National Center for Atmospheric Research	美国国家大气研究中心
NCEP	National Centers for Environmental Prediction	美国国家环境预测中心
NEXRAD	Next Generation Weather Radar	美国下一代天气雷达网
NIST	National Institute of Standards and Technology	美国国家标准与技术研究院
NOAA	National Oceanic and Atmospheric Administration	美国国家海洋大气管理局
NOAA OAR	National Oceanic and Atmospheric Administration Oceanic and Atmospheric Research	NOAA 海洋大气研究院
NPN	NOAA Profiler Network	NOAA 风廓线雷达观测网
NSF	National Science Foundation	美国国家科学基金会
NSSL	National Severe Storms Laboratory	美国国家强风暴实验室
OOPS	Object-Oriented Prediction System	面向对象的预报系统
OpenIFS	Open Integrated Forecasting System	开放式综合预报系统
OPERA	Operational Program on the Exchange of Weather Radar Information	天气雷达信息交换业务计划
OSE	Observing System Experiment	观测系统试验
OSSE	Observing System Simulation Experiment	观测系统模拟试验
PPP	Polar Prediction Project	极地预测项目
RBON	Regional Basic Observing Network	区域基本观测网
RCC-HMA	Regional Climate Center for the High Mountain Asia	亚洲高山地区区域气候中心
RCC	Regional Climate Center	区域气候中心
RDP	Research Demonstration Projects	研究示范类项目
RIC-Beijing	Regional Instrument Center (Beijing)	区域仪器中心（北京）

续表

英文缩略词	英文全称	中文名称
RMIC	Regional Marine Instrument Center	区域海洋仪器中心
RMSE	Root Mean Square Error	均方根误差
ROC	Radar Operations Center	雷达业务中心
RSMC-ASDF	Regional Specialized Meteorological Center with Activity Specialization on Atmospheric Sand and Dust Forecast	专事大气沙尘暴预报的区域专业气象中心
RSMC-MMS	Regional Specialized Meteorological Center for Marine Meteorological Services	面向海洋气象服务的区域专业气象中心
RSMC-NEEA	Regional Specialized Meteorological Center for Nuclear Environmental Emergency Response	面向核环境应急响应的区域专业气象中心
RSMC	Beijing Regional Specialized Meteorological Center	北京区域专业气象中心
RTC-Beijing	Regional Training Center (Beijing)	区域培训中心（北京）
RTC-Nanjing	Regional Training Center (Nanjing)	区域培训中心（南京）
RTH	Regional Telecommunication Hub	区域电信枢纽
S2S	Sub-seasonal to Seasonal Prediction Project	次季节到季节预测项目
SAR	Synthetic Aperture Radar	合成孔径雷达
SG-GHG	Joint Study Group on WMO Greenhouse Gas Monitoring	WMO 温室气体监测联合研究组
SHOUT	Sensing Hazards with Operational Unmanned Technology	利用业务无人技术感知灾害
SLEP	Service Life Extension Program	服务寿命延长计划
SOFF	Systematic Observations Financing Facility	系统观测融资机制
SWAP	Satellite Weather Application Platform	卫星天气应用平台
TAO	Tropical Atmosphere Ocean	热带大气海洋
TCTC	Typhoon Committee Training Center	台风委员会培训中心
TIGGE	Global Interactive Forecast System	全球交互式预报系统
TPRCC	Third Pole Regional Climate Center	第三极区域气候中心
TRITON	Triangle Trans-Ocean Buoy Network	三角跨洋浮标网
UAS-DC	Uncrewed Aircraft Systems Demonstration Campaign	无人机系统示范活动
UFS	Unified Forecast System	美国统一预报系统
UNDRR	United Nations Office for Disaster Risk Reduction	联合国减少灾害风险办公室
VTOL	Vertical Takeoff and Landing	垂直起飞和降落
WCRP	World Climate Research Programme	世界气候研究计划
WDC-D (M)	World Data Center-D (Meteorology)	世界数据中心气象学科中国中心
WDQMS	WIGOS Data Quality Monitoring System	WIGOS 数据质量监测系统

续表

英文缩略词	英文全称	中文名称
WHOS	WMO Hydrological Observing system	WMO 水文观测系统
WIGOS	WMO Integrated Global Observing System	WMO 全球综合观测系统
WIGOS（Beijing）	WMO Integrated Global Observing System Regional Center (Beijing)	WMO 全球综合观测系统区域中心（北京）
WIPPS	WMO Integrated Processing and Prediction System	WMO 综合处理和预测系统
WIS	WMO Information System	WMO 信息系统
WMC	World Meteorological Center	世界气象中心
WMO	World Meteorological Organization	世界气象组织
WOW	Weather Observation Website	英国天气观测网站
WPO	Weather Program Office	美国天气计划办公室
WWRP	World Weather Research Programme	世界天气研究计划
WWW	World Weather Watch	世界天气监视网